“十三五”普通高等教育部委级规划教材
“十三五”江苏省高等学校重点教材（编号：2018-1-050）
江苏省高等职业教育高水平骨干专业建设项目

一体化系列女装

设计·制板·工艺（第2版）

THE INTEGRATION OF FASHION DESIGN, PATTERN AND PROCESS (SECOND EDITION)

陈　洁　陈玉红｜主　编
周荣梅　李月丽｜副主编

中国纺织出版社有限公司

内 容 提 要

本书为“十三五”普通高等教育部委级规划教材、“十三五”江苏省高等学校重点教材、江苏省高等职业教育高水平骨干专业建设项目。全书结构严谨，图文并茂，以六个项目为编写思路，融合了服装设计、服装制板、服装工艺等教学内容，通过一个完整设计项目的工作过程为线索形成学习体系，以系列女装设计为着眼点，从确定设计主题、款式设计、选择面辅料、结构设计与成衣制作等一整套项目式操作过程，将服饰开发过程及核心技术的掌握设为任务目标，强化技能训练，提升实践能力，培养职业素养，以适应社会发展需求，培养高技能人才。

本书设计理念新颖，图片精美，案例丰富，实践性强，教材内容贴近企业实际，并结合技能大赛模块内容，对服装设计教学和技能大赛具有很好的指导作用，也可作为服装设计师及相关设计人员的参考读物。

图书在版编目（CIP）数据

一体化系列女装：设计·制板·工艺／陈洁，陈玉红主编．--2版．-- 北京：中国纺织出版社有限公司，2020.6（2023.3重印）

“十三五”普通高等教育部委级规划教材　“十三五”江苏省高等学校重点教材　江苏省高等职业教育高水平骨干专业建设项目

ISBN 978-7-5180-7267-5

Ⅰ．①一…　Ⅱ．①陈…②陈…　Ⅲ．①女服—服装设计—高等学校—教材②女服—服装缝制—高等学校—教材
Ⅳ．①TS941.717

中国版本图书馆CIP数据核字（2020）第052778号

策划编辑：魏　萌　　责任编辑：杨　勇
责任校对：寇晨晨　　责任印制：王艳丽

中国纺织出版社有限公司出版发行
地址：北京市朝阳区百子湾东里A407号楼　邮政编码：100124
销售电话：010—67004422　传真：010—87155801
http://www.c-textilep.com
中国纺织出版社天猫旗舰店
官方微博 http://weibo.com/2119887771
北京通天印刷有限责任公司印刷　各地新华书店经销
2015年9月第1版
2020年6月第2版　2023年3月第2次印刷
开本：889×1194　1/16　印张：11.25
字数：148千字　定价：58.00元

凡购本书，如有缺页、倒页、脱页，由本社图书营销中心调换

第2版前言

本书针对“善创意、通工艺、精定制”人才培养目标，修订的基本思路综合了服装设计、服装制板以及服装制作工艺，通过案例展示系列女装从设计到成衣制作的全过程。按照基于工作岗位的项目化构建框架，围绕基于产品的“教、学、做”一体化教学理念，以企业案例和课程教学成果为本书的主要实例内容，以最终产品为教学目标，实现以学生为主体完成基本技能和单项技能的训练。

本书能让学生对服装设计——服装制板——服装工艺形成完整的印象，打破以往教材中各门课程自成体系、互不相关的现状，通过对设计、制板、工艺等基础知识的综合讲解，使学生对理论知识有一个更好的、全面的认识。同时，通过对系列女装从任务书分析、面辅料搭配、制板、工艺一整套模拟企业产品开发的项目式操作过程，使学生了解服装企业的成衣操作流程，掌握不同种类变化款女装的纸样制作原理与方法，并能按照纸样和工艺要求缝制出成衣；通过项目的实例操作，使学生了解服装成衣化生产的内在规律，具备独立完成服装的款式解读、打样、制作“三位一体”的综合能力，对服装企业的生产、开发有一个全面的认识，从而达到零距离上岗的目的。

本书内容分六个项目十八项任务，每一个任务目标明确，图文并茂、内容新颖、实例丰富，注重艺术与技术的紧密结合，强化知识的系统性和项目的实用性，充分体现“产学合作”“理实一体”的理念。在加强实践环节上，强调动手能力和理论联系实际能力的培养，学生在学习过程中，可以参考书中的实例进行项目实施。

本书由盐城工业职业技术学院服装设计团队教材编写组共同完成，陈洁、陈玉红、周荣梅、李月丽老师及富有实践经验的企业专家参与了本书的修订工作。在此感谢盐城市唯洛伊服饰有限公司、张家港中等专业学校及其他兄弟院校提供的项目与案例支持，感谢工作单位盐城工业职业技术学院对教材建设的重视，感谢服装专业师生提供的服装设计效果图及成衣工艺制作过程，感谢穿针引线、POP-FASHION等网站提供资料的搜集与分享。

由于编者水平与经验有限，系列服装资料有限，书中疏漏之处在所难免，热诚希望各位同仁与专家批评指正。

编者

2020年1月

第1版前言

本书综合了服装设计、服装制板以及服装制作工艺，并通过案例展示了系列女装从设计到成衣制作的全过程，我们根据近年来教学改革的发展并紧跟当前行业任务运作流程编写了这本项目教学的新教材，实现以学生为主体完成基本技能和单项技能的训练。

本教材使学生对服装设计—服装结构—服装工艺形成完整的印象，打破以往教材中各门课程自成体系，互不相关的现状，通过对设计、结构、工艺等基础知识的综合，使学生对理论知识有一个更好的、全面的认识。同时，通过对系列女装从任务书分析、面辅料搭配、结构、工艺一整套模拟企业产品开发的项目式操作过程，使学生了解服装企业的成衣操作流程，掌握不同种类女装变化款的纸样制作原理与方法，并能按照纸样和工艺要求缝制出成衣；通过项目的实例操作，使学生了解服装成衣化生产的内在规律，具备独立完成服装的款式解读、打样、制作“三位一体”的综合能力，对服装企业的生产、开发有一个全面的认识，从而达到零距离上岗的目的。

本教材内容新颖、全面、实例丰富，注重艺术与技术的紧密结合；在实践环节上，强调动力能力和理论联系实际能力的培养，学生在学习过程中，可以参考书中的实例进行项目实施。

本教材由陈洁主编，盐城工业职业技术学院服装设计教学团队编写组共同完成。其中过程一至过程三由范君老师参与编著、过程四由周荣梅、陈玉红老师编著、过程五由管丽萍老师参与编著、过程六由李月丽老师参与编著。在此感谢盐城市唯洛伊服饰有限公司、江苏亨威实业集团提供项目与案例支持，感谢工作单位盐城工业职业技术学院对科研、教学工作的重视，感谢服装设计专业师生提供的服装设计效果图及成衣工艺制作过程，感谢穿针引线、POP-FASHION等网站提供资料的搜集与分享。

由于编者水平有限，时间仓促，资料有限，书中疏漏之处在所难免，热诚希望各位同仁与专家批评指正。

编者

2014年12月

教学内容及课时安排

项目/课时	课程性质/课时	任务	课程内容
项目一 系列服装设计解读	理论/2	任务一	系列服装设计认识
		任务二	系列服装设计流程制定
项目二 系列女装市场调研	理论/2 实践/8	任务一	市场调研信息获取
		任务二	调研报告的撰写
项目三 系列女装设计规划	理论/4 实践/8	任务一	主题的确定
		任务二	色彩的确定
		任务三	面、辅料的确定
		任务四	风格的确定
		任务五	制定主题板
项目四 系列女装设计表现	理论/4 实践/12	任务一	系列女装设计构思
		任务二	系列女装设计方法
		任务三	系列女装款式设计表达
		任务四	系列女装设计效果表达
项目五 系列女装制板	理论/4 实践/10	任务一	女装制板基础
		任务二	女装基本型纸样
		任务三	系列女装制板案例
项目六 系列女装制作工艺	理论/8 实践/34	任务一	系列职业女装制作工艺
		任务二	系列创意女装制作工艺

注 各院校可根据自身的教学特点和教学计划对课程时数进行调整。

目录

项目一

系列服装设计解读

项目内容： 1. 系列服装设计认识

2. 系列服装设计流程制定

项目课时： 2课时

教学目的： 1. 掌握系列服装设计的基本知识。

2. 熟悉系列服装设计的流程。

3. 了解女装的流行趋势、女装产品的信息资讯。

4. 培养学生理论联系实际的能力。

5. 培养学生敏锐的洞察力。

6. 培养学生的自学能力。

7. 训练学生的资料整合和分析能力。

教学方式： 讲授、案例、引导启发、小组讨论、多媒体演示。

教学要求： 1. 以讲授为主，通过案例讲解，引导自主学习。

2. 下达任务书，明确任务。

3. 制订工作计划，分组讨论，方案初稿。

课前准备： 1. 通过多种媒介获取相关资料。

2. 创意拓展项目任务。

任务一　系列服装设计认识

系列服装设计是在同一设计主题下相互关联的成组成套的群体服装。以款式量化为前提，款式之间通过主题、造型、色彩、结构、面料、细节、工艺及配饰等多个方面建立联系，并通过关键设计要素的变化，使多套服装达到一定的视觉效果。一组系列服装产品中至少有一种共同的元素，这个共同元素就是系列设计的关键设计点，系列设计规范了设计思维，使一个设计点可以扩大、延伸至一组产品，使该组产品既多样化又统一、和谐（图1–1 ~ 图1–3）。

数量、共性和个性构成了系列服装设计的基本特征，也是构成系列形式的三个基本要素。优秀的设计作品是各设计要素共同配合衬托的结果，优秀的系列作品更要选择这些要素，并且把单品服装的造型元素展开为系列化构思的设计过程。设计已不再是孤立地考虑一个单独形的构成，而是设计出服装与人的着装状态、服装与整个环境的状态以及在系列中服装与服装之间、服装与饰品之间各种形与色的延伸与组合，展现出系列产品或系列作品的时尚和风貌。

图1–1　面料为核心设计点的系列服装

图1-2　色彩为核心设计点的系列服装

图1-3　造型为核心设计点的系列服装

任务二　系列服装设计流程制定

一、设计构想

系列服装设计需要构想一个制作系列服装的方案，是借助材料和裁剪、制作将构想实物化的过程。在这个概念中有两个关键词：一是艺术“构想”，二是“实物化”。构想是指构思，贯穿服装设计的始终；实物化，是指将构想制作出来，使其变为可以穿用的确定服装。

二、系列设计流程

服装设计是一种艺术活动，在发挥想象进行创作的同时，也遵循着合乎逻辑的设计流程。系列设计流程主要包括：设计主题确定、灵感搜集、主题趋势研究、调研手册制作、设计理念确定、主题创意板制作（灵感色彩、面料、主题规划）、设计规划和拓展、样板制作、工艺制作（图1–4）。

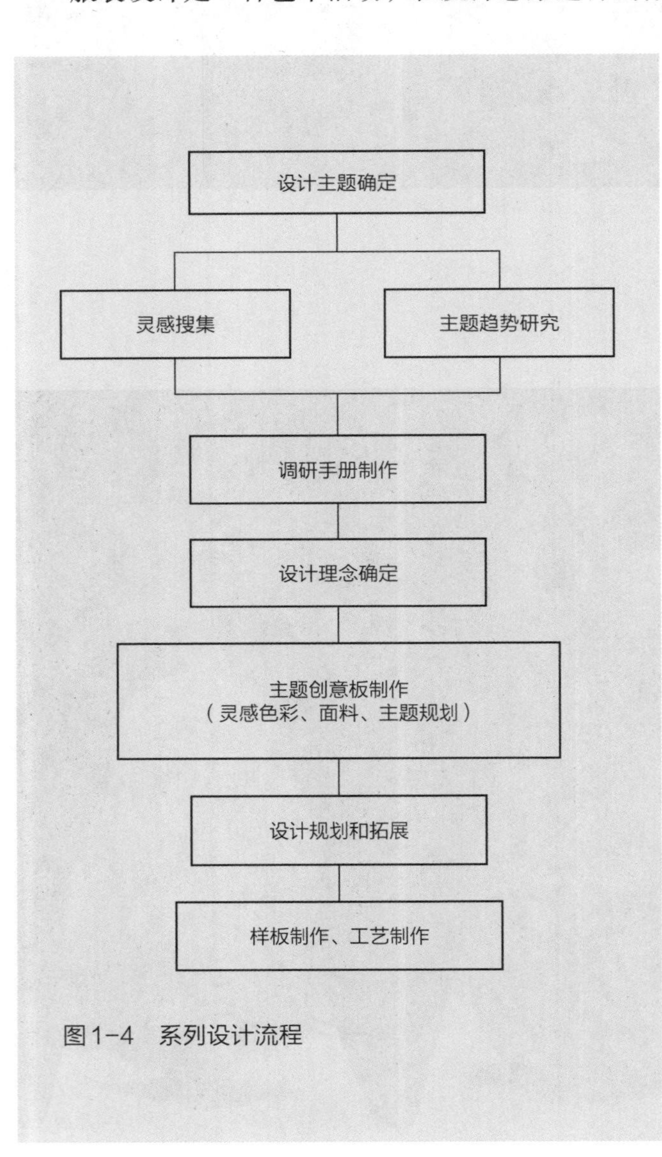

图1–4　系列设计流程

1. 确定设计主题

设计师选择设计主题时，一定是自己特别感兴趣，能激发设计师的创作力，帮助拓展系列设计的主题。设计主题贯穿于整个设计过程，是设计过程的核心，在整个设计方案中起到提纲挈领的作用（图1–5）。

2. 灵感搜集

服装设计与其他创造性的行业相比，时尚讯息更迭非常快，成功的设计不是凭空想象的，要有一定的设计根据。设计师需要通过各种途径不停地寻找新的灵感，保持服装作品的时尚感和潮流感（图1–6）。

图1-5　乡村波西米亚主题

图1-6　多元素灵感来源

3. 主题趋势研究

通过多种渠道获取当下的流行资讯，结合流行趋势创作服装作品，流行趋势主要体现在主题、色彩、廓型、工艺、面料、图案等方面（图1-7～图1-10）。

图1-7　图案流行趋势

图1-8　面料、工艺流行趋势

图1-9 色彩流行趋势

图1-10 廓型流行趋势

4. 调研手册制作

调研手册是指设计师记录调研过程，将所收集的图片、面料、饰品和被调研人员的谈话内容等零碎的信息分类整理成册（图1-11）。制作初期，是将信息收集在一起，不进行任何的加工处理以；制作后期，设计师根据主题的表达需要，对这些内容进行提炼并结合一定的技巧加工处理，提取调研的精华，整合成一本成熟的调研手册，传达设计理念确定的发展轨迹。

图1-11　调研手册

5. 主题创意板制作

主题创意板又称为故事板，是较为正式的视觉展示形式，要设定贴合主题思想的名称和表达设计构思的文字说明（图1-12）。主题创意板既可以作为灵感来源展示板，也可用来展示产品的灵感、色彩、主题、流行趋势、面料等，是将能够明确说明主题的各种元素信息，以富有创意的形式综合在一起，展示要表达的主题元素（图1-13）。

6. 设计规划和拓展

规划符合设计理念的款式和细节，根据设计主题拓展出系列款式，选择恰当的色彩和面料，绘制出款式图和效果图（图1-14～图1-16）。

7. 样板制作

根据要求进行板型制作，制作坯样，人台试衣检验，调样修改后，正式制作成衣（图1-17）。

图1-12　主题思想展示

图1-13　主题元素展示

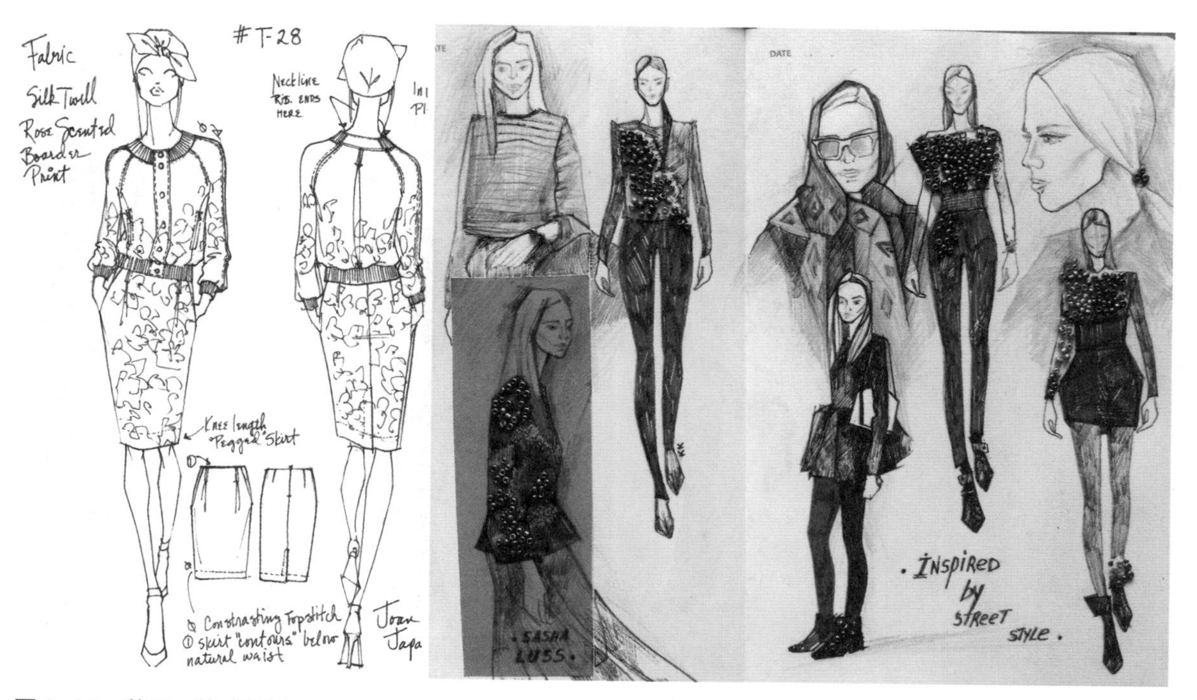

图1-14　草图、款式拓展

图1-15　系列款式图

图1-16　系列效果图

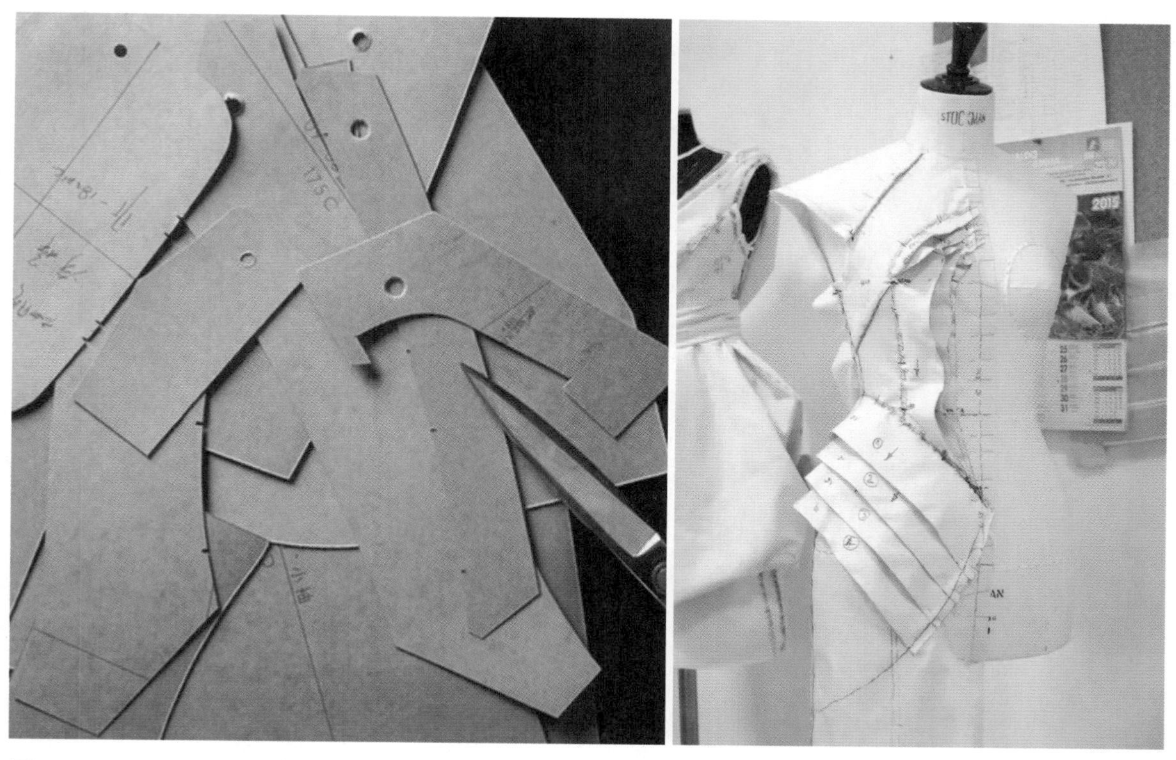

图1-17　平面、立体板型制作

思考与练习

1. 课后根据自身专长组成设计团队，进行任务书的策划练习。
2. 查阅系列女装相关资料，结合任务书，策划团队项目。

项目二

系列女装市场调研

项目内容： 1. 调研的概述

2. 调研的形式

3. 调研的内容

4. 调研报告的内容

5. 调研报告的格式

6. 调研案例

项目课时： 10课时

教学目的： 1. 熟悉女装调研方式及调研操作的细节内容。

2. 掌握品牌服装市场的整体情况及相关实践性的问题。

3. 了解女装当前流行趋势，女装产品相关的信息资讯。

4. 掌握女装项目任务过程，能撰写完整的市场调研报告。

5. 培养学生搜集资料、解读流行信息的能力。

6. 培养学生资料整合分析及自学能力。

教学方式： 讲授、案例、引导启发、小组讨论、多媒体演示。

教学要求： 1. 以讲授为主，通过案例讲解，引导自主学习。

2. 明确任务，女装的调研内容、过程及方法。

3. 制订工作计划，分组讨论，调研报告草稿。

课前准备： 1. 确定即将调研的品牌。

2. 通过各种方式搜集相关信息。

任务一　市场调研信息获取

一、调研概述

《牛津英语大词典》中，调研指："针对素材和资料来源所进行的系统化的调查研究，其目的在于建立起事实基础并得出新的结论。"成功的设计，是把市场调研作为设计过程的一个重要环节。新产品的开发与市场调研是密不可分的，可以说是在充分的市场调研的基础上进行的。通过市场调研，能够发现当前流行的风尚或者样式，时装设计师将在他们的作品中表达出这种时代精神，即为时尚。

时尚不断地发生变化，而且在每一季中人们都会寄希望于设计师能对时尚轮回进行重新改造。由于这种追求新奇感的持续压力，设计师不得不对新的灵感及其在系列设计中的诠释方式进行更深层次的挖掘和探寻。

女装的有关资料和最新信息是每一个设计师需要研究和掌握的背景素材，为当前的女装设计提供理论依据。资料是指有关传媒记录的资料，资料分为文字资料和直观形象资料两种形式。文字资料包括美学、艺术理论、中外服装史、相关文章等；直观形象资料包括各种专业杂志、画报、录像、幻灯、照片及有关影视服装资料等（图2-1）。可以说，资料是侧重于已经过去的、历史性的素材。在搜集资料时应尽可能多地查阅相关文字资料和直观形象资料，这样可以开拓思路，做到设计的新颖，特别是参加设计大赛的作品，如果资料研究不充分会造成设计类似、相同或过时的遗憾。

女装的信息是指相关国际和国内最新的流行导向与趋势。信息通常包括文字信息和形象信

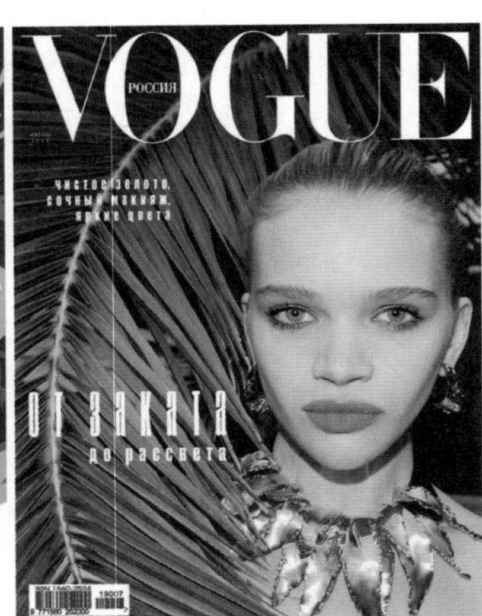

图2-1　服装款式、图案类专业杂志

息两种形式。信息具有前瞻性、预测性，且不局限于专业，而是多角度、多方位、多维度的，与服装有关的信息都应有所涉及，如最新科技成果展、最新纺织材料（图2-2）、最新文化动态、最新艺术思潮（图2-3）、最新流行色彩、最新流行纱线、最新流行款式等。

图2-2　最新流行面料

图2-3　设计思潮

二、调研渠道

进行调研有两种基本方法：一手资料调研和二手资料调研。一手资料的收集，通常是通过品牌专柜、二手市场、博物馆或旅行；二手资料调研，通常针对无法亲眼看见或者不易获得的资料（如重大事件、历史数据、私人收藏等），通过参考、利用别人的研究成果，以这种方式收集参考资料。两种方法结合运用，收集有关理念、感觉和灵感信息的时候，素材易于获得且数量丰富（表2-1）。

表2-1　调研渠道

渠　道	内　容
时尚网站	设计师们获取流行趋势、图案、面料、工艺信息最便捷的渠道
图书馆	专业院校的馆藏书籍
二手市场	使用过的物件，可以经过修改、重组再次创新利用
博物馆	具备年代感的物件
品牌专柜	品牌专柜的设计作品可提供高品质的参考，激发创作灵感

任务二　调研报告的撰写

调研指的是调查研究，是从过去的事物中学到新东西的过程。在新产品开发之前，第一步必须进行的是对目标市场的了解、分析和研究。阅读市场调研报告的人，一般都是比较繁忙的企业经营者或有关机构负责人，因此，撰写市场调研报告时，要力求条理清楚、言简意赅、易读好懂。

一、调研形式

对各种不同档次的女装销售点进行调研，如购物广场、购物中心、百货公司、女装专卖店、批发市场等，通过以上销售点来调研女装的特点及销售状况。对有关女装市场的卖方人员、买方人员和街头市民等进行调查。卖方人员有商场的总经理、销售部经理、女装柜台领班及售货员等，买方人员主要是消费者，重点调查有代表性的消费者。街头市民主要指对街头市民的着装进行观察，从实际的着装开始，评价哪些是合理的，哪些是流行的，哪些是独特的、漂亮的以及形态、素材、配色、饰物的使用效果等，从这些层面观察，发觉或感觉市场的需求与创造的空间。

女装调研内容主要包括女装的档次、价格、销售情况、消费者对产品接受程度和认可程度，以及将本地区女装市场中同类女装与国际、国内其他地区的女装市场的同类服装相比较、本季的同类女装与往季的同类女装相比较等。这种横向和纵向的比较有利于帮助我们从中了解女装市场的主导趋势和女装在不同市场的共性特征，更好地着手设计，采集系列设计所需的真实有形的和可实践操作的素材，如面料、边饰、纽扣等。

二、调研信息

调研的信息在调查、研究和记录的基础上提炼出来，可以激发灵感，也会为项目的系列女装设计提供不同的组成部分。女装调研内容主要从以下几个方面进行：

1. 文化背景

文化可以影响所有的一切，在项目工作过程中，这里的文化不只是国家的文化，还有品牌企业的文化背景，设计师需要从中获得灵感，作为系列设计的故事情节（图2–4、图2–5）。

2. 色彩

色彩在调研过程中是首要的、必不可缺的。色彩是设计作品最引人关注的首要因素，并且左右着系列设计的感知程度。对于设计师来说，色彩是系列设计的起点，针对色彩所采集的调研资料应该是流行的、丰富的、合理搭配的（图2–6）。

图2-4　TANGY品牌设计理念——中国传统文化的“顺天地之意，天人合一”

图2-5　伦敦街头文化——几何人物壁画

图2-6　爱马仕迪拜新店橱窗的色彩搭配

3. 造型与结构

造型是调研和最终设计的核心要素，服装中的造型与结构直接展现了服装的廓型，为支撑造型，考虑结构问题以及构成原理，都是至关重要的，调研中造型与结构的信息搜集是重中之重（图2-7）。

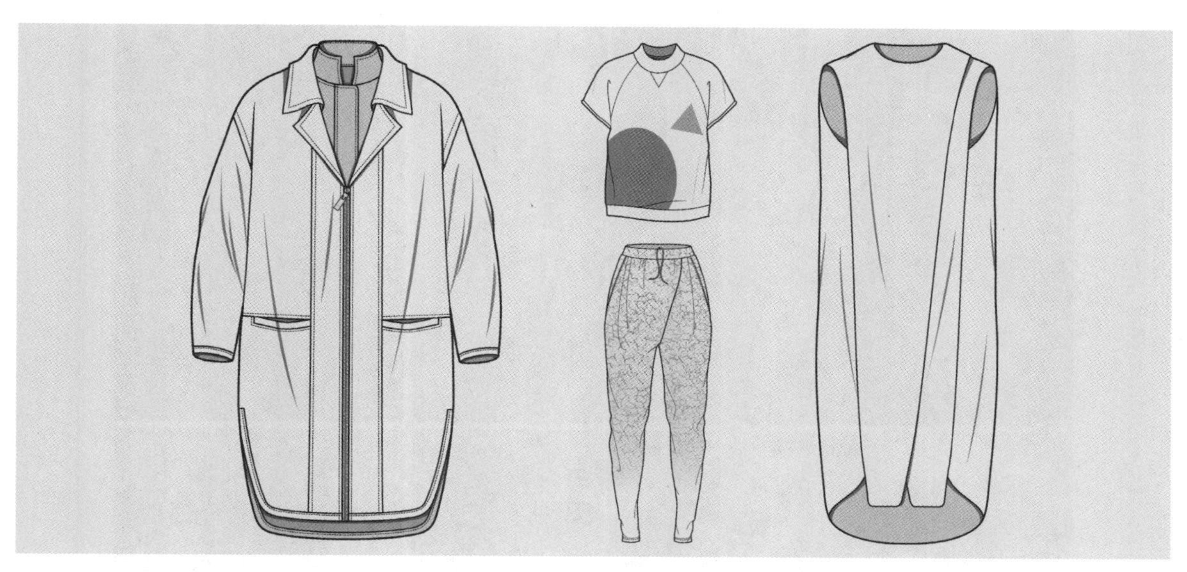

图2-7 廓型流行趋势

4. 面料与肌理

面料与肌理能够唤起我们的触觉，不同的肌理呈现的视觉刺激也是设计师的深刻体验。调研中面料以及肌理的质地和整体效果会带给设计师更多的灵感和创意，并且根据信息的搜集可以为面料再造设计赋予新灵感，服装的风格和造型随之得以确定（图2-8）。

5. 细节

细节可以引起足够的吸引力使消费者购买，一套服装即使拥有出众的廓型和完美的线条，但是缺少细节，那么就缺少了设计感和专业性。细节的巧妙设计可以成为构成系列设计的个性化标志，自然而然调研中不能缺少细节的信息搜集（图2-9）。

三、调研报告内容

经过调研后，大量的信息整理以调研报告的形式归纳总结出来，其内容为：

（1）说明调查目的及需要解决的问题。

（2）介绍市场背景资料。

（3）分析的方法，如样本的抽取，资料的收集、整理、分析技术等。

（4）调研数据及其分析。

（5）提出论点。

（6）论证所提观点的基本理由。

（7）提出解决问题可供选择的建议、方案和步骤。

（8）预测可能遇到的风险及相应的对策。

图2-8　面料再造

图2-9　工艺细节处理

四、调研报告格式

市场调研报告由标题、目录、概述、正文、结论与建议、附件等组成。

（1）标题：标题和报告日期、委托方、调查方，一般应打印在扉页上。

（2）目录：如果调查报告的内容页数较多，为了方便读者阅读，应当使用目录或索引形式列出报告的主要章节和附录，并注明标题、有关章节号码及页码，一般来说，目录的篇幅不宜超过一页。

（3）概述：主要阐述基本情况，按照市场调研的顺序将问题展开，并阐述对调查的原始资料进行选择、评价、做出结论、提出建议的原则等，主要有调查目的、调查对象、调查内容，以及调查研究方法。

（4）正文：调查分析报告的主题部分。准确阐明全部有关论据，包括问题的提出到引出的结论，论证的全部过程，分析研究问题的方法，还应当有可供市场活动的决策者进行独立思考的全部调查结果和必要的市场信息，以及对这些情况和内容的分析评论。

（5）结论与建议：撰写综合分析报告的主要目的。

（6）附件：调查报告正文包含不了或没有提及，但与正文有关必须附加说明的部分。

五、调研案例

（1）调研时间：2019年5月23号。

（2）调研地点：JNBY（江南布衣）专卖店、金鹰购物中心及书店。

（3）调研方法：图书馆、网络、周边调研、市场采集。

（4）调研目的：进一步了解品牌及流行趋势。

（5）品牌简介：JNBY品牌具有极高的知名度和辨识度，推崇“自然、健康、完美”的生活方式，早在创立初即吸引众多具有相同生活理念的消费者。随着对产品本身不断探索与坚持，品牌所传达的设计理念也已深植人心。

（6）品牌定位：品牌理念定位于“Just Naturally Be Yourself”的这种生活方式或崇尚这种生活方式的都市知识女性，年龄层在20~35岁，以这个群体的生活状态为依据设计开发服装、服饰品、居艺用品，设计风格浪漫、丰富、自然色系与色彩沉稳、雅致，不盲从流行但始终时尚（图2-10）。

（7）品牌风格：坚持将“现代、活力、意趣、坦然”并存的设计理念植入产品，专于材质的研发与工艺提升，将设计的情感通过穿着体验还原，向细腻敏感、浪漫优雅并存的都市女性传递文化中的趣味和新奇，感受平凡生活中的惊喜和诗意，这也是品牌一直充满能量与活力的秘诀（图2-11）。

（8）品牌个性：独立、自信、成熟、时尚、简洁。

图2-10　JNBY橱窗展示

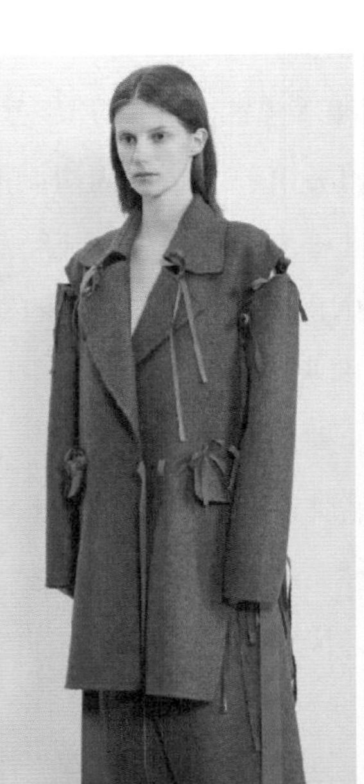

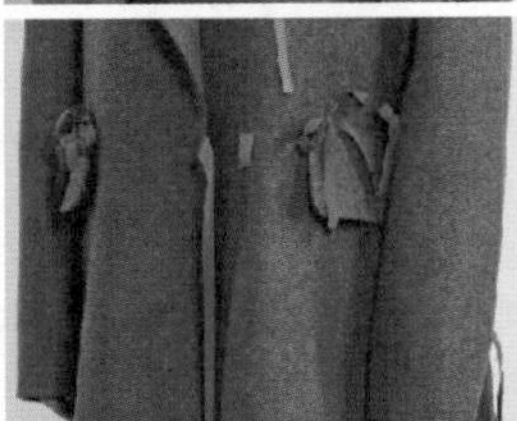

图2-11　品牌风格及设计细节

（9）品牌形象：色彩沉稳、独特别致、趣味新奇。

（10）面料：材质多用不同肌理、风格的纯天然面料，如棉、麻、毛、丝等，强调单品之间丰富、随意的可搭配性，为穿着群体提供专业的服饰搭配概念的同时，更为她们留下服饰搭配再创空间。丰富的设计语言是JNBY的一大特色，细节手法如手工刺绣、机绣面料造型、手绘、胶印等，枝叶花草成为标志性的装饰纹样（图2-12）。

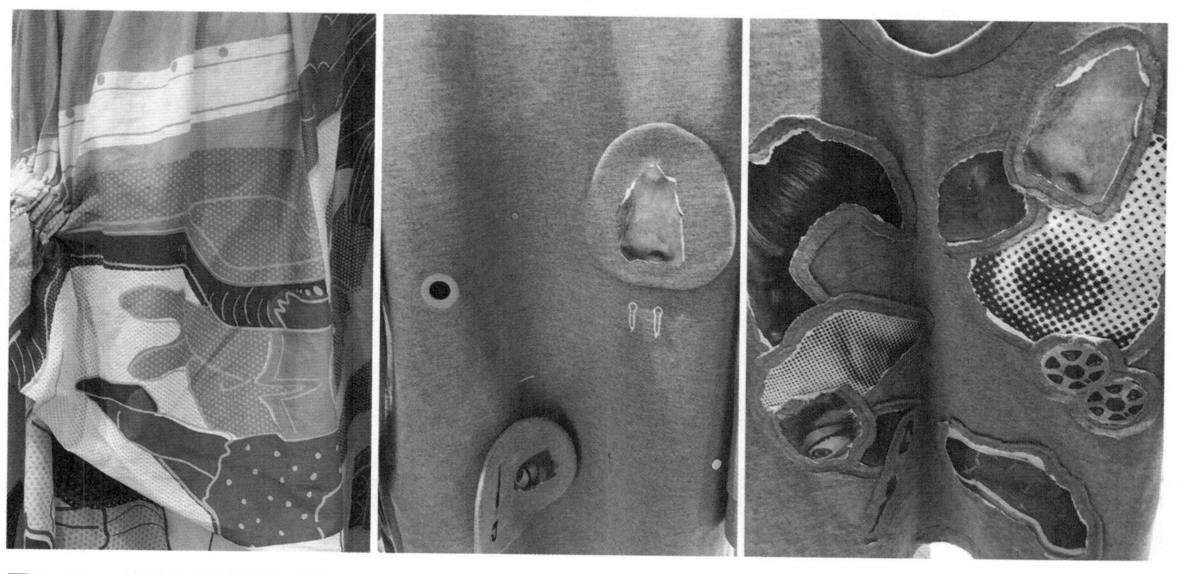

图2-12　面料纹样及手工技法

（11）色彩的流行：2019年以高级灰为主推色调，其余色彩以嫩芽绿、日光黄、砖红、天青蓝、深绿等具有自然属性的色调为辅，且这些色彩中的治愈、自然、古朴感以柔和、舒适的面料表现，轻薄层次感连衣裙、交叉扭结的褶皱连体裤、极简的西服套装等，给人以干练但不强势的舒适穿着感受（图2-13）。

图2-13　提取的流行色

（12）总结：现代、趣味、自然的都市风格，诠释了自然、健康、完美的生活方式，是JNBY之所以能赢得众多消费者青睐的原因。其色系与色彩多用经典的高级灰与亮色的搭配，沉稳、雅致不盲从流行。而材质多用不同肌理、风格的纯天然面料，全情演绎与自然相融的理念，款式设计强调单品之间丰富、随意的可搭配性，为穿着群体提供专业服饰搭配概念的同时，更为消费者留下服饰搭配的再创空间。

（13）2020年流行预测：根据调研可以看出，JNBY仍然以高级灰色系为主，略带了一些纯色且配饰较多，款式中设计手法多样，廓型饱满。因此，预测2020年的流行趋势是：看似简单的设计和款式，其中隐藏很多出众的小细节，复古而不寻常的裁剪艺术碰撞出了精彩的服饰，继续推出一些带拼贴的服装。棉、麻一直是JNBY的主打面料，面料设计依然是采用主体性的肌理再造，加上棉质的柔软亲肤质感演绎出随性、自由不受拘束的慵懒。颜色依旧沿用高级灰，但是色彩的亮度也会大面积增加。JNBY品牌文化理念，仍将致力于糅合传统与时尚，自然与都市相辅相成，倡导自然、自信、自由的生活方式，用服装演绎心灵故事，用创造力引领自然而然的着装理念。

思考与练习

1. 确定本团队系列女装设计的品牌，并进行相关信息搜集。
2. 以团队形式进行市场调研，并撰写调研报告。

项目三

系列女装设计规划

过程内容： 1. 主题的确定

2. 色彩的确定

3. 面、辅料的确定

4. 风格的确定

5. 制定主题板

过程课时： 12课时

教学目的： 1. 能获取准确的市场信息及数据。

2. 能够把调研知识应用到小组设计方案中。

3. 小组产品的灵感来源、主题方案策划，能够设计并制作主题板。

4. 培养学生创新设计思维的能力。

5. 培养学生与服装专业相关的绘画能力。

6. 培养学生的团队合作能力。

教学方式： 讲授、实践、案例、引导启发、小组讨论、多媒体演示。

教学要求： 1. 以讲授为主，通过案例讲解，引导自主学习。

2. 明确任务，深入设计主题，从各个元素确定整体构思。

3. 分组讨论，主题板制作与幻灯片演示，互动教学。

课前准备： 1. 根据各组情况讨论、分析制作过程的合理性和可行性。

2. 通过各种方式搜集相关信息。

3. 以小组为单位对制作过程进行修订完善。

任务一　主题的确定

一、设计理念确定

设计理念是设计的着眼点，它是品牌理念的具体落实，设计主题是设计理念的实施，它为设计提出了清晰的目标，它是产品特色和个性的保障。常用贴切的文字给即将面世的产品一个合乎逻辑的、具有诱惑力的描述，用一个形象化的故事或倡导的生活方式作为形象推广的统一标准和品牌运作人员的行动准则，文字精练形象，具有一定的感染力。

二、系列主题确定

产品开发都会有一个明确的主题，所有设计方案都要围绕这个主题进行，在一个主题下也可以有数个分主题，也就是系列主题。系列主题确定可以采用文字形式或者图片形式，主题的确定对设计开展是非常重要的，是组织、开展和完善设计的主要依据，主题的确定能使设计风格统一，产品指向性更清晰明确。主题的确定是从市场需求变化、品牌风格、流行趋势等多方面因素来进行综合考虑而确定的。不同的主题分别有其对应的流行元素，适应不同的服装风格和不同个性的消费者。

1. 年代主题

年代主题指依据历史上某个时期服饰流行的时代背景，结合当代审美观念，进行提炼和升华，引发人们对那个时代的关注与回忆，满足现代人对过去时代的好奇与回归的愿望。

2. 地域主题

以地域命名的流行主题，这些地域通常都是带有浓厚地域色彩和风土人情的地区，在人们的脑海中有深刻和独特的印象。

3. 季节主题

季节主题指针对具体季节特点进行设计的主题，一般都分为春夏主题和秋冬主题，在具体设计和生产时会根据各地区具体的气候特征和季节特点有针对性地细分。

4. 文化主题

文化主题主要来源于对文学作品、哲学观念、审美情趣、传统文化、现代思潮以及社会发展的广泛关注与感悟，如对生活环境的关注、对社会的反思以及对未来的困惑与憧憬等。

5. 事件主题

根据有一定影响力的大事件作为设计的主题，以此展现流行的概念，因事件无法预估，因此没有固定的特征和表现形式。

根据对各种主题信息的分析，选择一至两个与该品牌形象或与设计师的构思最为接近、最适合表达该品牌理念的主题来形成下个季度新的设计主题。要求主题必须有时代感，主题必须是在充分调查消费者的需求和欲望的基础上进行设定的。

任务二　色彩的确定

一、色彩构思原则

色彩的构思过程要以色彩概念、品牌风格为指导方向，还要遵循色彩构成的原则。在项目新产品开发中色彩的构思要注重各产品之间的关系，注重整体色彩的布局与搭配，注重色彩组织中的色彩协调、比例、节奏、呼应、秩序等相互之间的关系，且必须依据形式美的基本规律和法则，使多样变化的色彩构成统一和谐的整体。

1. 色彩的协调

事物中几个构成要素之间在质和量上均保持一种秩序和统一关系，这种状态称为协调。服装设计中整体色彩的协调主要是指各构成色彩要素组织之间在形态上的统一和排列组合上的秩序感。服装是立体的造型，其美感体现在各个角度和各个层面。因此，在服装的色彩要素上如果缺乏一定的秩序感和统一性，就会影响应有的审美价值（图3–1）。

2. 色彩的比例

在服装色彩的配置中，其整体色彩在面积和排列上的对比与调和程度的比例关系（图3–2）。

图3–1　色彩的协调

图3–2　色彩的比例

整体色彩与局部色彩、局部色彩与局部色彩之间，在位置、排列、组合等方面的比例关系；服装色彩与服饰配件色彩之间的比例关系等，都应着重考虑，否则就会影响服装造型的整体美感。

（1）色彩本身明暗程度与调和程度的比例关系。

（2）与色彩有关的整体与局部、局部与局部之间的不同搭配方式、不同的面积比例、数量关系、色彩位置、色彩排列顺序等的比例关系。

图3-3　色彩的强调

3. 色彩的强调

色彩的强调是指同一性质的色彩加入了适当的不同性质的形色进行的强调作用，即视觉上感觉到的突出某部分色彩，强调了色调中的某个部分，弥补了整个色彩的单调感，使整体色调产生重点表现。色彩的强调可以吸引视觉的注意力，形成注意中心，感受到色彩之间的相互关系，保持色彩平衡，增加活力并且起到调和作用（图3–3）。

（1）强调色应该选用与整体色调相对比的调和色，达到既对立又统一的目的。

（2）强调色的应用面积要适度，若较小，容易被包围色同化不能提高吸引力与注意力；若较大，则容易破坏整体统一而达不到强调作用。

图3-4　色彩的节奏

4. 色彩的节奏

节奏主要是表现音乐、舞蹈、体育等时间性艺术现象，故称为时间性的节奏。形式美给予人们形象的直觉，这种直觉主要体现为节奏，它能够唤起人们的情感共鸣。生活中的诸多有规律的运动形式都可以构成节奏，色彩的节奏是通过色彩的色相、明度、纯度、形状、位置、材料等方面的变化和反复，表现出有一定规律性、秩序性和方向性的运动感。色彩强弱、明暗的层次和反复、科学的运用会使服装产生一定的节奏和韵律感（图3–4）。

5. 色彩的呼应

呼应是色彩获得统一、协调的常用方法。配色时，色彩需要在同一或者同类之间相互呼应和相互联系，也就是指一个或几个颜色在不同位置的重复出现，取得调和的重要手段，在系列产品中求得色彩的全面和谐，照顾色彩之间的比较与呼应关系（图3–5）。

图3–5 色彩的呼应

二、影响服装色彩的因素

1. 市场因素

要被消费群体认同，可带来一定的社会价值和经济价值，并起到引导消费的作用，服装色彩比绘画色彩具有更强的实用性、商业性。因此，服装色彩的设计要树立市场经营的指导思想，立足市场与消费者，还要有以下观念：

（1）为消费者而设计的观念。

（2）品质第一的观念。

（3）增强以服装色彩进行竞争的观念。
（4）求变的观念。
（5）经济效益的观念。

2. 心理因素

由于社会、风俗、民族、市场的影响而存在服装色彩的共性因素，同时，服装色彩心理的个性因素也是普遍存在的。

在现代生活中，人们要求以自己喜爱的色彩，来展示其个性风采，因此，当代服装在色彩设计方面呈现出了丰富多彩的面貌。人们的个性因素对服装色彩的影响是巨大的，一般包括以下方面：

（1）着装动机即穿衣目的直接影响对服装色彩的选择。
（2）生活方式和经济能力决定着装者对服装色彩的喜爱以及对流行时尚的态度。
（3）多样的兴趣和个性特点为服装色彩的选择带来了多变性。
（4）情绪、心态影响对服装色彩的选择。

3. 材质因素

服装的色彩是通过印、染、织等工艺手段附着在构成服装的材质上得以表现，因此，充分了解各种色彩在不同服装材质上所呈现的效果，预想色彩与各种质地肌理结合后能否达到预期的设计目标，是选择色彩不可忽视的因素。

三、主题色彩确定的方法

色彩由主题来决定，并且一定要与所选择的主题相吻合。在保持品牌服装基本色调的同时，应恰如其分地使用流行色，可以把色彩分为使用最频繁的基本色和使用量较少的点缀色两大类。

1. 调研当季服装色彩，预测色彩流行趋势

（1）畅销色。
（2）常规色。

2. 产品色彩确定

（1）与上一季节色彩的衔接关系。
（2）与其他色组的联系。
（3）与流行色的同步。

任务三　面、辅料的确定

面料是表达设计理念、主题的关键素材，对于设计师而言，了解面料的特性与品质是十分重要的。面料的选择是决定整个设计成败的至关重要的因素，选择与设计主题相符的面料，分为几组，在以后的工作中与系列产品搭配。先根据主题的需要，设计或者挑选出适合的面、辅料以及配饰（图3–6）。

在选择的过程中，要充分考虑各种不同手感、组织风格的合理、有效搭配和组合，这些不仅有利于保证产品设计、开发和生产的延续性，对体现季节性设计手法的节奏感，拓展款式设计的创造空间也是非常有利的（图3–7）。首先，面料的质地和手感将会影响服装的廓型，它决定了服装的造型感和悬垂度；其次，一种面料之所以被选用是因为它具有与其功能相适应的外观特征；最后，面料的选用还必须要考虑其本身的审美特性。

图3–6　挑选适合搭配的面、辅料

图3–7　面、辅料的合理搭配，延续系列女装设计

一、面料的质地

1. 天然纤维

天然纤维来源于有机原料，可以分为植物原料（由纤维素组成）和动物原料（由蛋白质组成）（图3–8）。

（1）纤维素纤维：纤维素是由碳水化合物组成，并且是构成植物细胞壁的主要成分，它可以从不同种类的植物中提取，用以制成适于纺织生产的纤维。这里关注那些最适于服装生产的面料，它们必须足够柔软、可穿着，且穿着或洗涤不易破损。

（2）蛋白质纤维：蛋白质对于所有生命体的细胞结构和功能来说都是必不可少的。蛋白质纤维的“角蛋白”纤维来自于毛发纤维，而且是在纺织生产中使用最普遍的蛋白质纤维。

2. 化学纤维

化学纤维来自于纤维素纤维和非纤维素纤维。纤维素是从植物中，尤其是从树木中提取的。像人造丝、天丝、醋酯纤维、三醋酯纤维和环保型纤维素纤维等化学纤维都是纤维素纤维，因为它们都含有天然的纤维素。除此之外的其他所有化学纤维都是非纤维素纤维，完全是由化学制品制成的，其中较为熟知的是合成纤维。

20世纪，化学工业的迅猛发展使得材料生产发生巨大的变革，以前主要用于纺织品后整理技术中的化学制品，现在可以用来从天然原料中提取纤维素进而制成新的纤维。

图3-8 天然纤维

二、面料的组织结构

1. 机织面料

一块机织面料是由沿着面料长度方向的经纱和横跨布幅宽度的纬纱共同织造而成的。经纱和纬纱通常也被称为织物纹理，经纱在织造前就已经被拉伸放置在织机上，这样，在面料的横向上就可以给出设定的宽度。通常在裁剪服装时，总是将服装主要的分割线平行于面料的经纱方向来裁制，这将有助于控制服装结构（图3-9）。斜裁是指裁片的中心线与经纬纱呈45°夹角的裁剪方法，此法较一般裁剪法用料多，优势是产生的波浪分布自然均匀，可以为服装带来独具特色的悬垂外观。

图3-9 机织面料

2. 针织面料

针织面料是由一根纱线织成线圈并相互串套而成的。它可以沿着经向或纬向织造，这使得针织面料具有一定的拉伸性能。横向的组合被称之为“线圈纵行”，纬编是指沿着线圈的横列的方向将一根纱线形成线圈并相互串套而成，如果漏掉一针，针织物就会沿着纵行的长度方向形成像梯子一样的浮线，经编则更像机织，其结构更复杂而且更不易脱线（图3-10）。

图3-10 针织面料

3. 非织造面料

与机织面料不同，非织造面料是通过加热、摩擦或者化学方法将纤维压制在一起而形成的。这种面料的例子有毛毡、橡胶皮等高科技面料。一些非织造面料是将纤维缠结在一起，形成像纸一样的面料，也可以在表面涂上涂层，使其防裂、防水、可回收再利用和机洗（图3-11）。非织造面料不一定都是化纤的，如皮革和毛皮也可以被看作是天然的非织造面料。

4. 其他面料

有一些面料从结构上来看，既不属于机织、针织，也不属于非织造面料，如流苏、花边、钩花和蕾丝。流苏、花边是将纱线以装饰或编结的手法构成的，给面料一种“手工制成”的外观（图3-12）。

钩花线迹则是使用钩针从前一个链状线圈中拉拽一个或多个线圈形成的。钩花这种结构可以构成具有图案的面料，与针织不同，它完全是由线圈组成的，而且只有当线头末端从最后的线圈中拉出来才能确保整个钩花完成。蕾丝制作技术可以制成轻薄的、具有通透孔洞结构的面料，蕾丝中整个图案纹样的凹形孔洞和凸形图案一样重要。

图3-11 非织造面料

图3-12 其他面料

三、面料的表面处理

面料需要通过不同的工艺处理方法来获得相应的表面艺术效果，其常用工艺包括印花、染色和面料后整理等。

1. 印花

不同的图案、色彩和纹理都可以通过不同的方法印制在面料上，常见的有滚筒印花、热转移印花、数码印花等。

（1）滚筒印花：将图案雕刻在铸铁或铜质的滚筒上，在面料上滚动的同时将染液印在面料表面。

（2）热转移印花：通过一张专门用来做照相凹版、平板印刷或者是用丝网印获得的图案纸，将纸上的图案用热量和压力转移到面料表面。

（3）数码印花：将花样图案通过数字形式输入到计算机，通过计算机（CAD）编辑处理，再由计算机控制把专用染液直接喷射到面料上，形成所需图案。

（4）印花和设计：图案可以以重复印制的方式应用于一定幅长的面料上，也可以应用于成品服装的特定位置。当印染图案被置于身体的周围时，会形成十分有趣的效果而影响着其他设计元素，如线迹的位置。通过这种方法，印花可以与服装结构融为一体（图3–13）。

图3–13　融为一体的印花设计

2. 装饰

装饰是在面料表面添加有趣设计点的方法之一，面料外观效果更立体和更具装饰性的外观效果，装饰工艺包括有刺绣、珠绣、贴绣等。

（1）刺绣：当代刺绣是以传统手工刺绣工艺技术为基础，可大面积应用也可进行点布局和设计。在基础针法上，通过使用不同的线、改变针距大小和空隙等方法，可设计出极富吸引力的肌理和图案（图3–14）。

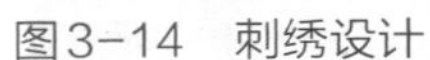
图3-14　刺绣设计

图3-15　珠绣设计

（2）珠绣：也称珠片绣，以缝线将空心珠与面料固定在一起。珠子材质广泛如玻璃、塑料、木头、珐琅、水晶、宝石和珍珠等，形状和大小各异，包括粒状、管状、圆形、方形、三角形、异形等。珠绣给面料增添了更加炫目的肌理效果，服装呈现光亮、华丽的品质感。法式珠绣是用经线将亮片、缎带、宝石、珍珠等丰富的材料结合在一起，绣出造型感更强、更立体的图案（图3-15）。

（3）贴布绣：也称补花绣，一种将面料剪贴绣缝在服饰上作为装饰的刺绣形式，可与珠绣、刺绣结合使用（图3-16）。

（4）剪裁：面料也可以通过手工剪裁的方式来获得改观，剪切的边缘可以使用车缝线迹来防止其脱散。剪裁也可以借助于激光手段来实现，尤其是精致的图案纹样。激光也可以通过加热的方式将人造的边缘封住或者熔融，来防止其脱散。通过不同深度的激光处理还可以形成一种“烂花”的效果。

3. 染色

天然染料是指从植物、动物或资源中提取出来的、不经人工合成，很少或没有经过化学加工的染料，如红色染料可从胭脂虫体内或茜草根提取获得。大多数天然染料都需要使用固化剂，以防止色彩在穿着或者洗涤时褪色。

合成染料又称人造染料，主要从煤焦油分馏出来（或石油加工）经化学加工而成，与天然染料相比具有色泽鲜艳、耐洗、耐晒、可大量生产等优点，故目前使用以此种染料为主。

4．面料后整理

面料后整理既可以运用于有一定匹长的面料，也可以运用于单件已经缝制好的服装。后整理可以改变面料的外观效果，如通过砂洗可以获得暗淡、褪色的效果，通过添加蜡质涂层而使面料表面具有防水的功能。

（1）洗涤后整理：砂洗是20世纪80年代十分流行的后整理方式，经砂洗处理的面料或服装是当时众多流行乐队的时尚选择。选用碱性氧化助剂，使面料褪色呈现陈旧感，配以石磨，洗后面料表面会产生一层柔和霜白绒毛（图3-17）。

（2）涂层整理：涂层整理是在面料的表面单面或双面均匀地涂布一层或多层离分子化合物等涂层剂，使面料正反面具有不同功能的一种表面整理技术。对于户外服装、鞋子，具有防水功能的涂层面料可以提供一种看不见的保护膜，有效阻止污迹和污物（适用于实用的、便于清洁的服装）。另外，防水透气膜的应用可令面料防水同时具有透气性（图3-18）。

四、面料和纱线交易会

以国内外面料展上收集来的面料流行倾向为基础，选择那些与设计概念相符合的面料样本组合在一起，并一一罗列在织物上，作为设计师进行系列设计的重要参照。也可以定织定染一些独特的面料，

图3-16　贴布绣设计

图3-17　砂洗

图3-18　涂层

加上从面料展上选择的面料，一起组成该品牌下个季节所使用的面料。

根据时尚界的活动安排，面料交易会每年举行两次。交易会将展陈由面料制造商和工厂提供的新近研发的面料和现有的样品。通过参观这些展会，设计师可以从各种新型面料中寻找设计灵感，并为设计选订面料。通常，面料商会剪下制作样衣所需的面料长度送给设计师，设计师将用这些面料制作一系列样品服装，然后，服装零售商根据这些样衣确定订单，订单汇总后即可评估所需面料产量。如果某一种面料没有收到足够的订单，面料供应商可能就不会投产。

任务四　风格的确定

一、社会的流行风格

风格的选择是根据消费对象而定的。随着社会的不断进步，风格的内涵和外延也不断发生着变化，社会的流行风格可以分为主流风格和支流风格，是根据流行面的大小而决定的。在社会环境发生相当程度的变化时，主流风格和支流风格将发生位置的转移。另外，产品风格不是固有的，风格是可以从无到有创造出来的。

图3-19　市场上主导产品的风格

1. 主流风格

主流风格指适合大多数消费者、在市场上成为主导产品的风格，相对来说，其流行度较高、时尚度略低（都市风格、乡村风格、浪漫风格、严谨风格、简约风格、传统风格、前卫风格、经典风格，图3-19）。

2. 支流风格

支流风格指适合追求极端流行的消费者，在市场上是比较少见的风格，其流行度较低、时尚度较高，往往是流行的前兆（猎奇风格、军警风格、民族风格、变异风格，图3-20）。

图3-20　市场上比较少见的风格

二、国内市场女装的风格

1. 民族风格

汲取中西民族、民俗服饰元素、具有复古气息的服装风格（图3-21）。

图3-21 民族风格

2. 休闲风格

以穿着轻松、随意、舒适为主、年龄层跨度较大，适应多个阶层日常穿着的服装风格（图3-22）。

图3-22 休闲风格

3. 中性风格

弱化女性特征，部分借鉴男装设计元素、有一定时尚度、外观硬朗而较有品位的服装风格（图3-23）。

图3-23 中性风格

4. 前卫风格

运用具有超前流行性的设计元素，不对称结构与装饰较多，有异于常规服装的结构与装饰变化，个性较强的服装风格（图3-24）。

图3-24 前卫风格

5. 运动风格

借鉴运动装设计元素，充满活力，较多运用块面分割与条状分割及拉链、商标等装饰，穿着面较广，具有都市气息的服装风格（图3-25）。

图3-25　运动风格

6. 经典风格

经典，指那些流行时间很长、经久不衰的一种服装风格，具有传统服装特点，相对较成熟、能被大多数女性接受、讲究穿着品质（图3-26）。

图3-26　经典风格

7. 优雅风格

讲究细部、强调精致、装饰较女性化，具有较强女性特征，兼具时尚感的、较成熟的、外观与品质较华丽的服装风格（图3-27）。

图3-27　优雅风格

8. 轻快风格

轻松、明快，适合年轻女性日常穿着、具有少女气息的服装风格（图3-28）。

图3-28　轻快风格

任务五　制定主题板

主题板也称为故事板，是指用贴切的文字为即将面世的品牌及其产品一个逻辑合理、具有诱惑力的概念描述，用一个形象化的故事或倡导的生活方式作为形象推广的统一标准和品牌运作人员的行动准则。从一定意义上来讲，主题板就是调研手册的“演示”板，它们以拼贴画的形式，通过粘贴将图片装裱在一块板子上，设计师用这种形式来传达主题、概念、色彩和面料，并用来指引每一季的系列设计（图3-29～图3-34）。

图3-29　幻成

图3-30　红与黑

图3-31　霓夜魅影

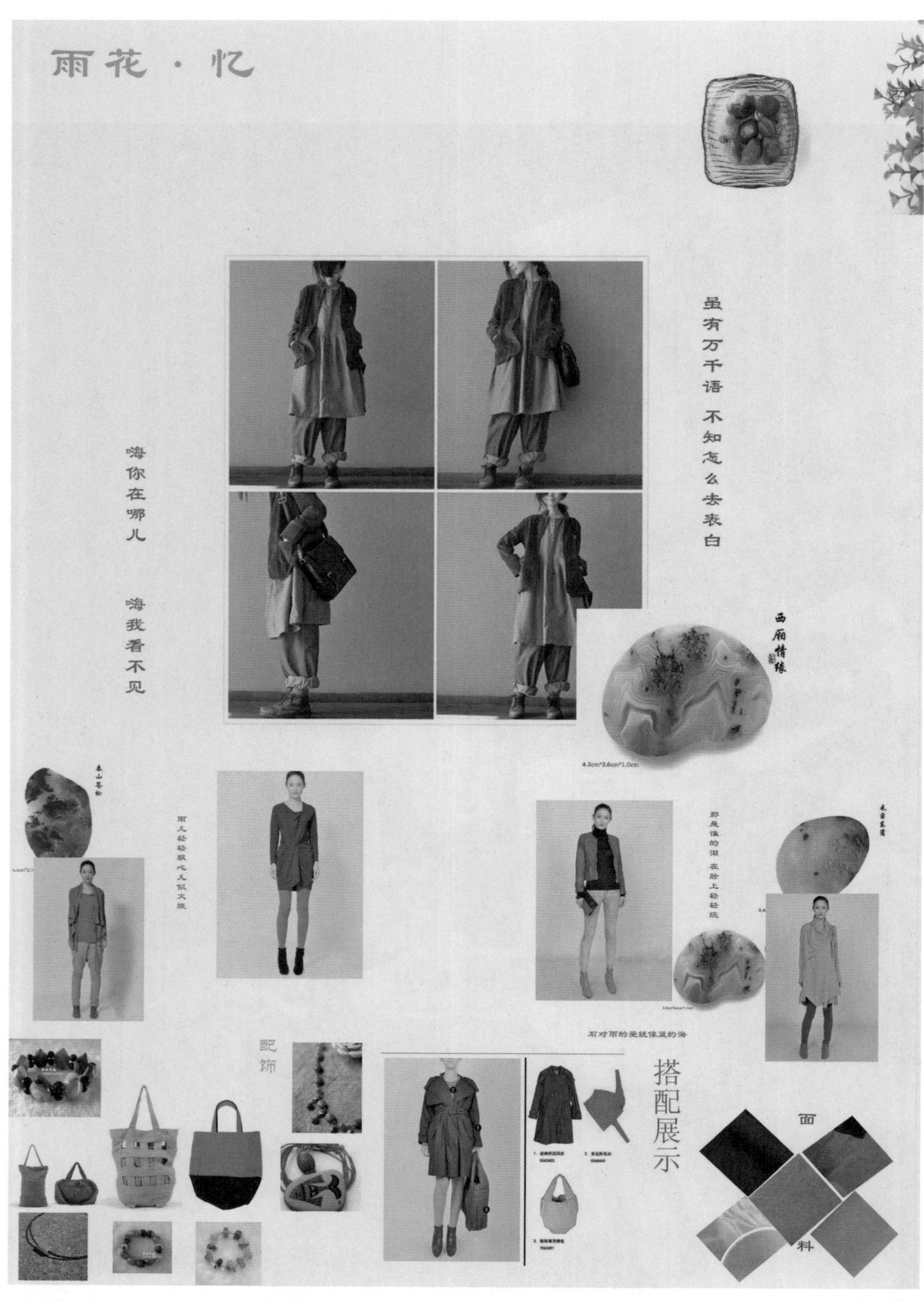

图3-32　雨花·忆

看过
就知道
今年
THE LENO &
CONAN MESS
HOW CELEB DEATH
RUMORS START
IDOL WITHOUT
SIMON: REALLY!?
Entertainment
EXCLUSIVE
HE SECRETS OF
VATAR!
简•爱
ladyy
流行的是
意
创
风

图3-33 简·爱

瑰语
设计理念：本系列作品主要定位于25~35岁的白领女性，创意灵感来源于玫瑰花。主要以简约、时尚、休闲、市井并融合了结构哲学的设计理念风格，裁剪结构独特，选用不对称裁剪及包边、开衩等多样缝制技艺。完美诠释本系列的主题尽显熟白领女性风范，透露着高贵与神秘。

图3-34　瑰语

主题板的关键要素主要包括以下几方面内容：

（1）色彩基调：色彩要以色块的形式明确标出，这些可以是手绘的色卡、潘通色卡或者将它们混合使用。能够附上一幅图片来完善说明并支撑所选取的色彩是很重要的。

（2）主题（调研）的参考资料：为观看者展示调研之旅源自何处,它需要集中并整合那些最重要的灵感来源图片。

（3）面料：在调研过程中，应该已经收集到了面料小样和印花图案的设计理念、装饰手法、边饰材料等，主题板上要显示这些起到暗示作用的面料，并对设计理念起到支撑作用。

（4）关键词和文字说明：通常由形容词或者短语构成的文字说明，对系列设计的主题或故事的描述有所帮助。

（5）目标市场：在开始调研之前，应该确定设计的目标消费群，作为对设计任务书结论的回答。主题板的图片中应标示出目标客户，换句话说，就是呈现出反映他们生活方式的图片或者简单地使用品牌的标志。

（6）造型形象：这一点与目标市场密切相关，因为造型形象可以帮助围绕生活方式的表述来展现设计，所选图片要能够体现出系列设计的理想化形象特征。然而，它也体现出一种整体的包装，就是指拍照的环境、背景、色彩、道具、造型、发型和化妆，所有这些都将助力系列设计塑造一个理想化的形象。

思考与练习

1．确定本团队设计主题。

2．制定主题板。

3．准备PPT演示内容。

项目四

系列女装设计表现

任务内容： 1. 系列女装设计构思

2. 系列女装设计方法

3. 系列女装款式设计表达

4. 系列女装设计效果表达

过程课时： 16课时

教学目的： 通过本章的学习使学生能够掌握女装设计的构思方法和设计程序，利用各种可能的材料进行系列女装的表现、掌握从设计草图到效果图的全过程操作。

教学方式： 图片演示、案例讲解、讨论法。

教学要求： 1. 明确教学目的和任务。

2. 掌握系列女装设计构思和设计方法。

3. 熟练绘制服装款式图和彩色效果图。

4. 通过教学活动，培养学生的交流、合作、创新意识。

课前准备： 1. 图片搜集、资料整理。

2. 分析学情，选择教学方法。

3. 钻研教材，制定教学方案。

任务一　系列女装设计构思

一、设计构思

所谓构思，是指设计师在孕育作品过程中所进行的思维活动。思维一般由思维的主体（人）、思维的客体（对象）、思维的工具（材料）和思维的协调（多种思维方式的整合）等方面组成。

设计构思即指作者在创作中的思想意图。它是从生活中观察或根据平时积累的素材资料，结合产品特点、工艺条件和消费者需要，通过特定的艺术手段加工而成的。任何事物的存在都不是孤立的，客观事物之间存在着多种形式的联系。系列女装设计的研究是将研究方法从单项转向多项，即从多种角度综合、系列地考虑作品或产品的展示和穿着效果。所以，系列设计是从更开阔的领域来探讨目标的思路，这是现代设计思想的一个重要特点，也是系列设计的思维特征。

系列女装设计构思与单套女装设计的基本手法大体相同，只是考虑的因素增加了，范围扩大了。如果说单套女装设计主要是自上而下、由里向外纵向进行配套设计，那么，系列女装设计则在此基础上扩展了横向配套设计的内容。因此，系列女装不仅每套之间有着紧密的联系，甚至可以相互换位搭配，重新组合，而且每套女装单独出现，也是完整统一的。

1. 在统一中求变化

根据实际需要，从大体相同的思路考虑系列女装的总体面貌、具体要素（面料、花色、款式、细节等），再作局部或细节上的变化处理。

2. 在变化中求统一

根据实际需要，从追求丰富变化的角度考虑女装的系列设计。在变化、不同、甚至对比的情况下，进行统一的处理。从服装的某一个“点”着手，贯穿系列设计，从而把握服装的整体造型。例如，先从一种理想的领型开始，逐渐过渡到服装的其他部位，都顺应着领型的感觉和特色去处理。

二、设计思维

1. 发散思维

发散思维，是从已经明确或被限定的因素出发，进行各个方向的思考，设想出多种构思方案的思维方式。由于这一思维方式呈现散射状态，故而又称扩散思维。发散思维主要用于设计构思的初级阶段，是展开思路、发挥想象，寻求尽可能多的答案、设想或解决方法的有效手段。

2. 聚合思维

聚合思维，是在所掌握的众多材料和各种信息的基础上，从一个方案入手，朝着一个目标进行深入构想的思维方式。由于这一思维方式呈现收敛状态，故而又称集中思维，主要用于设计构想中、后期。尽管这一阶段也有发散思维参与，但非主流，聚合思维是设计构思的深化、充实和完善的重要过程。

3. 侧向思维

侧向思维，是利用局外信息，从其他领域或离得较远的事物中得到启示而产生新方案、新设想的思维方式。由于这一思维方式的起因并非来自与服装相关的事物，故而也称旁通思维。

4. 逆向思维

逆向思维，是按照人们习惯的思路走向，进行逆向思考，设想一些出乎人们意料的新方案的思维方式。由于这一思维方式与一般的思维方式恰好相反，故而又称反向思维。逆向思维的显著特征，就是逆流而上，人们都这样想，我偏不这样想，因而，想法往往新奇、独特、别具一格，且不易落入俗套。

5. 创新思维

在设计的导入环节,需用创新思维去发现设计的突破口，表现在系列设计中可能是对一张图片、一款面料、一首歌曲、一种肌理等元素的创新发现，发现可行的设计点以便在后续的过程中进行相应的创新设计。在设计的构思环节，需运用思维拓展方式进行横向或纵向的创新思考，在设计的全面开展环节需运用正反方向和多方向思维，多视角、全方位的变化设计，在设计的综合表现方面需要具备思考方法的创新性、创作观察视野和角度的创新性及设计手段运用的创新性。

系列服装设计与其他艺术设计一样是一种创造性的思维活动，这种思维活动比较复杂，它不是单一的思维形式，而是多种思维方式的整合。也就是说，在思维的过程中，仅限于单一的思维方式是不能解决问题的，必须综合创造。

任务二　系列女装设计方法

女装系列设计形式与其他艺术设计一样是一项充满创造性的工作，实施系列女装设计时，必须启发多种思维方式，激发设计师的创造意识。就系列的创造性构思而言，不能将思维仅仅限于款式形态的某一个方面，女装系列设计形式的创造意识在于独特的选择、独特的组合搭配、独特的外观效果和独特的整体风貌。从系列服装造型上看，其基本形的风格是否贯穿整个系列之中，看系列作品应用要素是否有逻辑性、连贯性和延续性。

一、系列构思从草图入手

草图是系列女装构思中可视形象的表现形式，是对构思的女装做各种形与色、对各要素进行延伸与组合的设想，通过系列草图尽可能多地画出设计设想的方案，特别是系列女装款式丰富多样，无数张草图是挑选优秀设计构思的保证。在挑选草图的基础上才可进一步完善轮廓、细节、比例，最后调整成正稿，绘制出彩色效果图。

二、系列组成从套数考虑

从系统的角度来看，系列女装至少应在3套或3套以上。按主题系列来分，4套左右为小系列，6套左右为中系列，8套以上为大系列，12套以上为特大系列。时装发布会作品一般以大系列来表现，以便能有足够的规模和气氛去吸引人们注目，这是对设计主题和设计构思充分表达的需要。在企业成衣的生产和订货会中，系列女装数量以少为宜还是以多取胜，完全取决于设计任务的需要。参赛女装的数量，应根据构思的特点，设计师个人对系列整体的把握能力以及可能提供的面料条件、展示环境、个人的创作情绪等来确定。事实上，女装系列的大小各有特点，小系列精致、单纯；中系列有较强的整体感；大系列有足够的规模气氛；特大系列则给人以壮观、恢宏的气势。如果有足以设计特大系列的材料，但设计师缺乏对系列整体的把握能力和整体设计经验，也只能得到零乱、大而空的结果。因此，不论大系列还是小系列，设计师都必须“系列的”去设计和设计成“系列”，整体系列的完美风格是至关重要的。

三、系列设计从材料入手

从面料质感与造型的关系上看，其材料的表现和材料的肌理特性是否给款式造型注入了活力，并形成整体协调而又有局部变化的系列构思（图4–1）。

不论是参赛的女装作品，还是订货会的女装，都要以样衣来评比、鉴定。优秀的参赛作品、发布会作品和产品订货会样品，在起草构思之时就应该考虑到面料材质的选用和制成系列女装的效果，因为材质对女装的成形起着至关重要的作用。从设计服饰的状态这一角度来说，

图4-1 面料小样

设计者完成了设计效果图，只是完成了女装设计的30%，接着还须进行面料的选择、结构设计、制作样衣与样衣的试穿调整等工作，此外还要参与预算、展示、销售、反馈等全过程。参赛新手往往出现这样的情况，作品入围了，但在实际制作中，由于面料选择不当或衣型调整不到位，或由于工艺失控等出现成衣比效果图差好多的情况。在企业，面料的选择是该季产品成功与否的关键。

四、系列色彩从设计表现形式入手

女装中的色彩搭配设计非常重要，设计师在色彩搭配设计过程中需要注意面积、位置、面料质感、图案构成等元素对系列色彩设计的影响，并通过色彩的三要素进行相应的配色方案。此外，系列配色过程中所有的因素从来都不是孤立存在的，从色彩逻辑上看，单套颜色的运用和系列配色组合是否体现出一组主色调的色彩效果，在系列的每一个款式之中应有节奏的变化。

1. 相同色彩系列设计

同一色彩组合的系列设计，从色彩配置来说是最简单的配色设计。在系列女装中，色彩元素应一致，如颜色的明暗程度一致或颜色的色相一致。其特点是色彩单一，但容易使人感觉单调，可通过变化其他元素来取得视觉的调和。可通过款式变化、材质对比和结构线变化等方法来丰富色彩语言，其中材质变化或结构线变化的运用，既可使同一色彩组合的系列设计产生变化，又能保持风格的统一（图4-2）。

图4-2 相同色彩女装礼服设计

2. 近似色彩系列设计

近似色配合是指在色相环上90°范围内色彩的搭配，给人温和协调之感。与相同色配合相比较，色感更富于变化，所以它在服装上的应用范围更广（图4-3）。

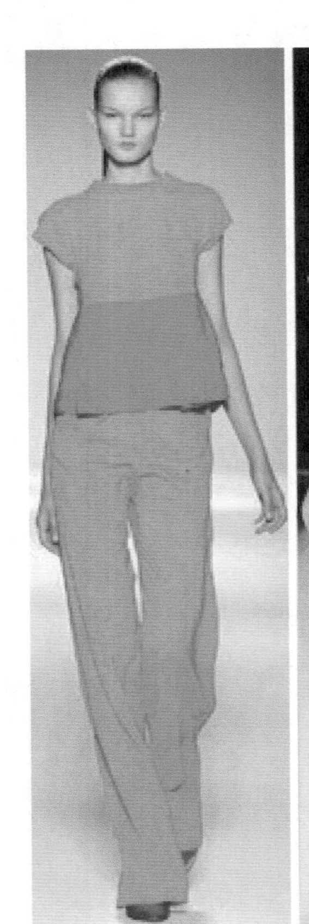

图4-3 近似色彩女装礼服设计

3. 近似图案系列设计

这是突出面料中图案风格的设计，它追求纹样的细节变化，或通过印花、刺绣工艺的变化，或类似民间剪纸的工艺风格，或采用明暗阴阳的变化，而在系列服装中其他元素应基本一致（图4-4）。

4. 对比色彩系列设计

对比色配合是指色相环上120°～180°范围内的色彩搭配，所体现的服装风格鲜艳、明快。在配色中要注意主次关系，同时还可通过加入中间色的方法使对比效果更富情趣（图4-5）。

图4-4　近似图案女装设计

图4-5　对比色彩女装设计

5. 色彩变调系列设计

是以相同的色彩和相同的色彩数配置出不同色彩调子的设计方案，对同种花型给予不同的配色方案，或对相同款式进行不同面积的分割，产生色彩变调的系列形式（图4-6）。

图4-6 色彩变调女装设计

6. 结构线为主系列设计

女装结构线包括省道线、分割线和褶裥线等。女装的结构线无论繁简，多以直线、曲线和弧线来表现，令女装具备较为充分的结构装饰性，不使用附加物也能使人感到装饰美感。女装设计中结构线的塑形与材料有关，必须注意相互之间的和谐，使之与整体轮廓保持协调一致（图4-7）。

图4-7 结构线为主女装设计

7. 装饰线为主系列设计

设计中装饰性的线条可不受结构线的限制，只考虑形式美的需要。从服装分割线的性质和缝制工艺手法上看，其系列作品的设计手法是否表现为统一的风格等（图4–8）。

图4–8 装饰线为主女装设计

8. 近似女装相同饰物系列设计

这是在近似而略有变化的女装款式上，配置相同或类似饰物的一种设计方法。饰物可以是立体而夸张的结饰、手工珠绣的图案、实用而具有装饰意味的配件等，通过这些饰物使女装形成略有变化的外观和服饰风貌。从装饰配件关系上看，其纹样和服饰品在装饰的变化中是否为系列作品锦上添花，烘托出服装要表达的意境氛围（图4–9）。

图4-9　配置相同或类似饰物女装设计

9. 装饰工艺表现系列设计

（1）缉明线装饰（图4-10）。

图4-10　明线装饰

（2）活褶与折裥装饰（图4-11）。

图4-11　褶装饰

（3）流苏装饰（图4-12）。

图4-12　流苏装饰

（4）荷叶边装饰（图4-13）。

图4-13 荷叶边装饰

五、服装设计师设计作品赏析（图4-14～图4-16）

图4-14　约翰·加利亚诺（John Galliano）2010秋冬作品

约翰·加利亚诺所特有的部落的迷人风情，浪漫的色彩，精致的手工加上华美的配饰给人震撼视觉的享受。

图4-15　夏奈尔（CHANEL）2019春夏高级成衣系列作品

卡尔·拉格菲尔德（Karl Lagerfeld）的精致洋装到高科技级别面料套装，柔和的格纹颜色和细密精致的织物组织令人怦然心动。

图4-16　高田贤三（KENZO）2016春夏系列作品

高田贤三善于表达绚丽的色彩，鲜艳的图案在其设计中始终保持着一定的出现频率，将面料的质感与款式搭配得天衣无缝。

任务三　系列女装款式设计表达

女装系列产品款式设计是在面料设计、色彩设计、工艺设计等基础之上，依据产品的市场定位、设计主题理念，以反映服饰风格为目的的产品研发。女装系列款式设计可根据流行变化进行创造，通过款式的细节、元素、造型、线条等方面来进行服装形象的视觉表达。

一、女式合体上装系列产品款式拓展设计

款式说明：S型轮廓设计肩部合体、胸腰部收紧。注重服装的板型设计、省道与公主线设计，时尚干练（图4-17）。

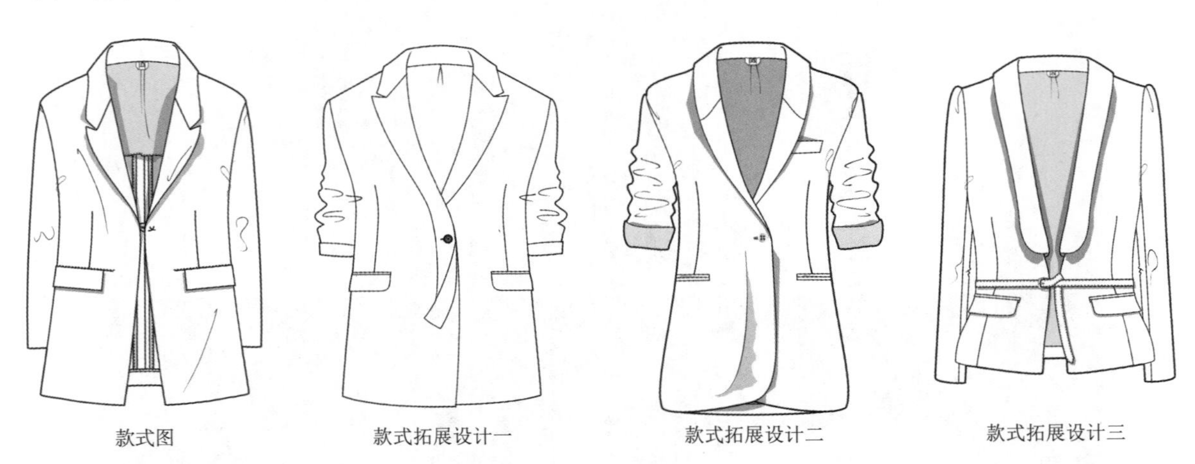

图4-17　合体上装S型轮廓拓展设计

二、女式休闲上装系列产品款式拓展设计

款式说明：H型轮廓设计肩部合体、胸腰部放松。注重服装的舒适度设计、无明显省道设计，简洁大方（图4-18）。

图4-18　休闲上装H型轮廓拓展设计

三、女式休闲外套系列产品款式拓展设计

款式说明：X型轮廓设计肩部略向外扩张，腰部向里收，领部造型简洁，袖子合体舒适（图4-19）。

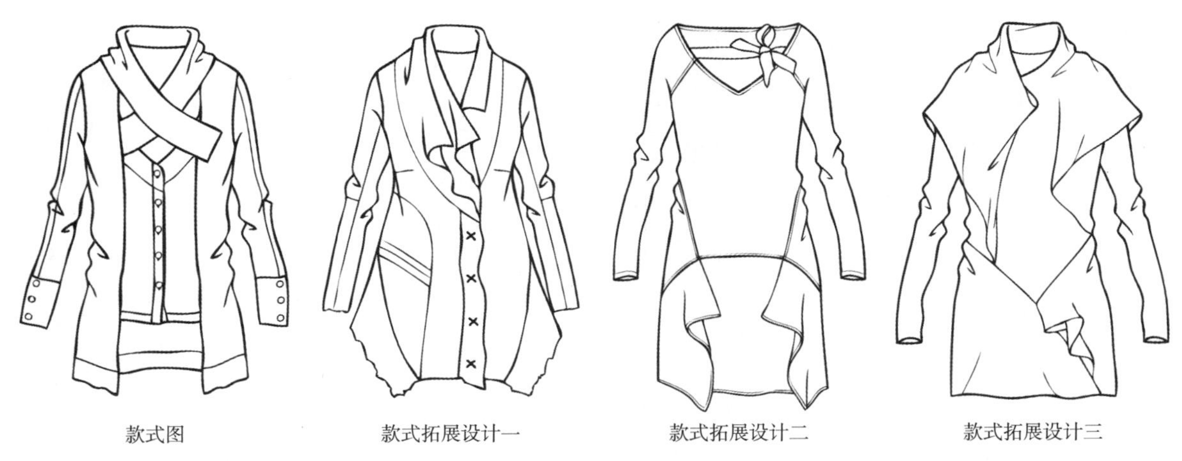

图4-19　休闲外套X型轮廓拓展设计

四、女式连衣裙系列产品款式拓展设计

款式说明：S型廓型弹性合体裙，注重服装的线条设计，领部造型简洁，时尚性与功能性兼具（图4-20）。

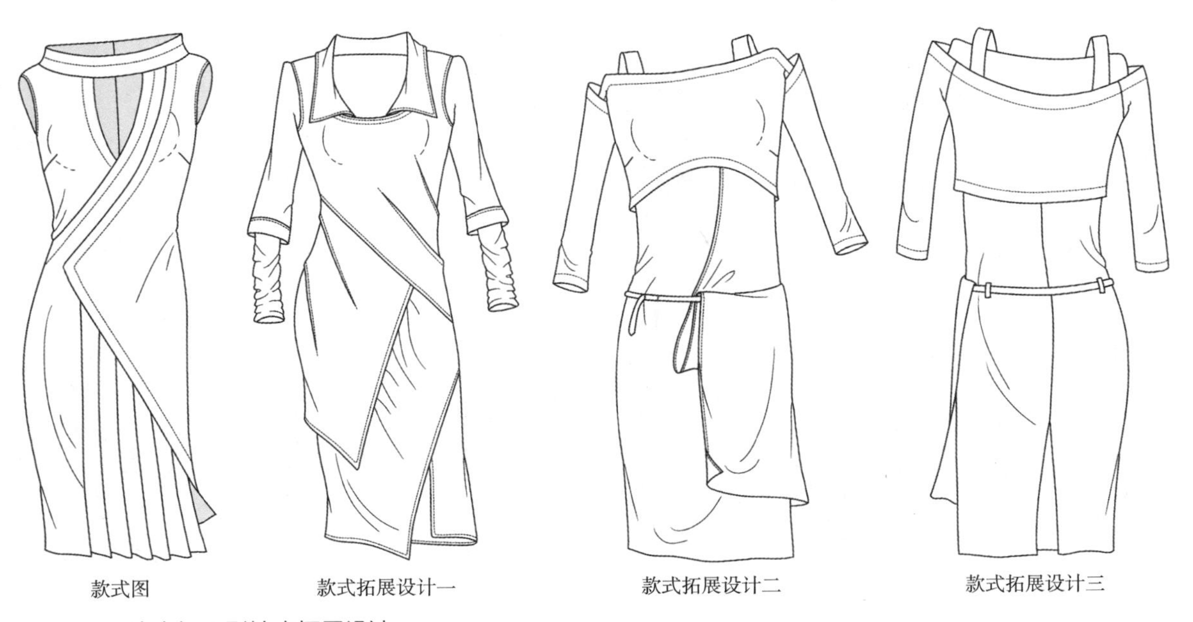

图4-20　连衣裙S型轮廓拓展设计

五、女式长大衣系列产品款式拓展设计

款式说明：收腰型设计，有公主线或分割线设计，领型、袖型变化丰富（图4-21）。

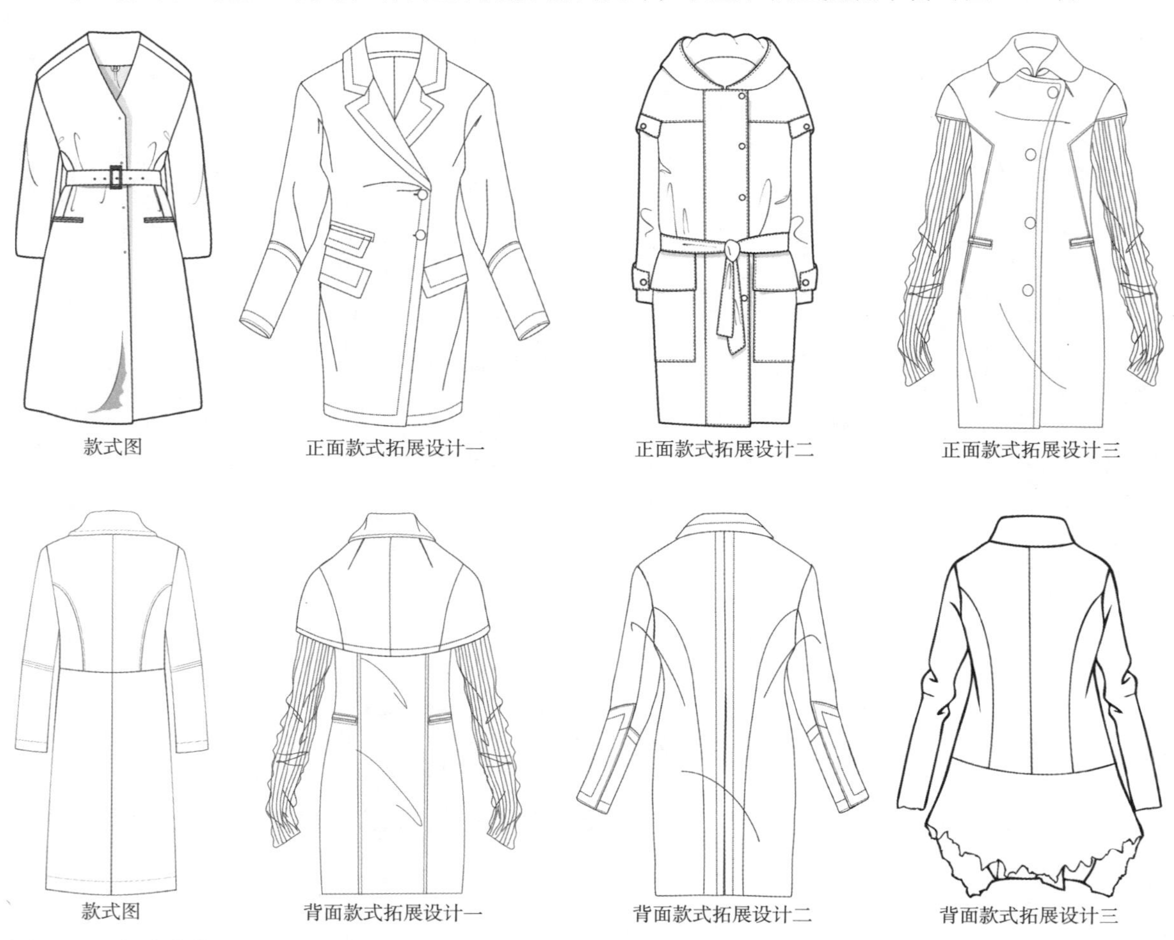

图4-21　长大衣收腰型轮廓拓展设计

六、女式针织休闲上装系列产品款式拓展设计

款式说明：针织类休闲衫以舒适简约形式为主，无收腰或分割线设计（图4-22）。

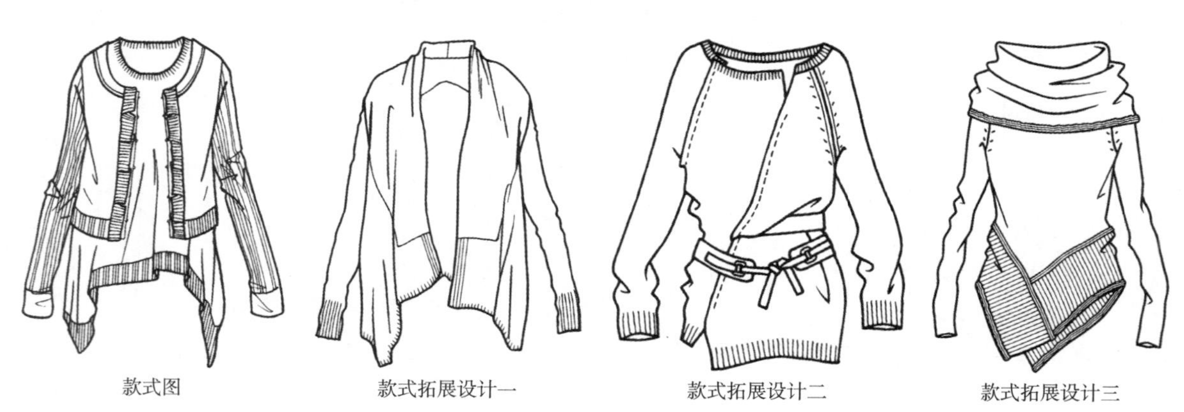

图4-22　针织休闲上装拓展设计

七、女式半身裙系列产品款式拓展设计

款式说明：职业半身裙设计以合体时尚为主，在前中、前侧有变化设计，以线条的简洁流畅来体现干练、洒脱的风格（图4–23）。

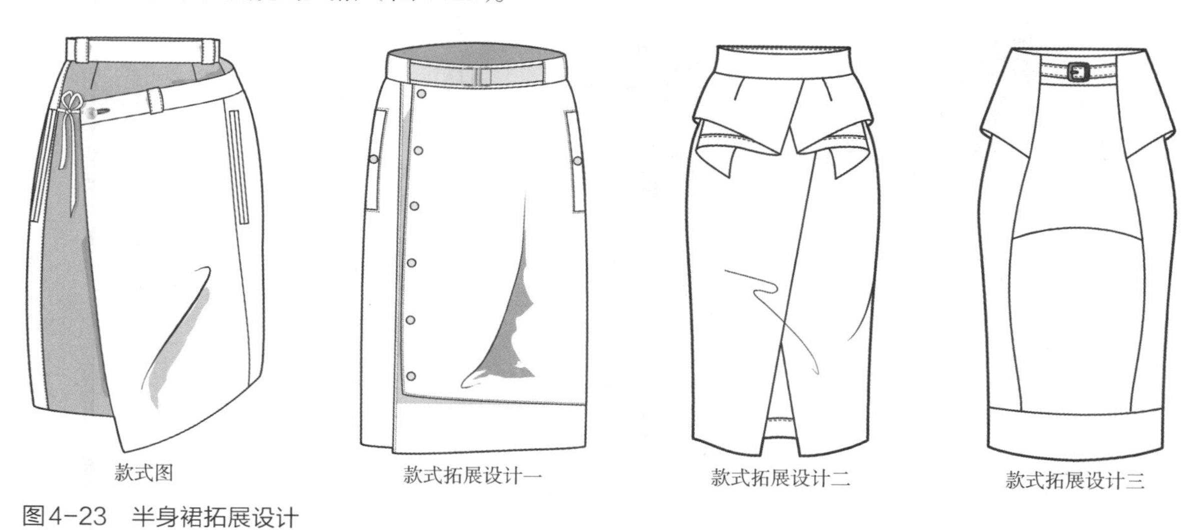

图4–23　半身裙拓展设计

八、女装典型系列产品款式及细节部位拓展设计示意图（图4–24～图4–28）

图4–24　系列产品款式拓展设计一

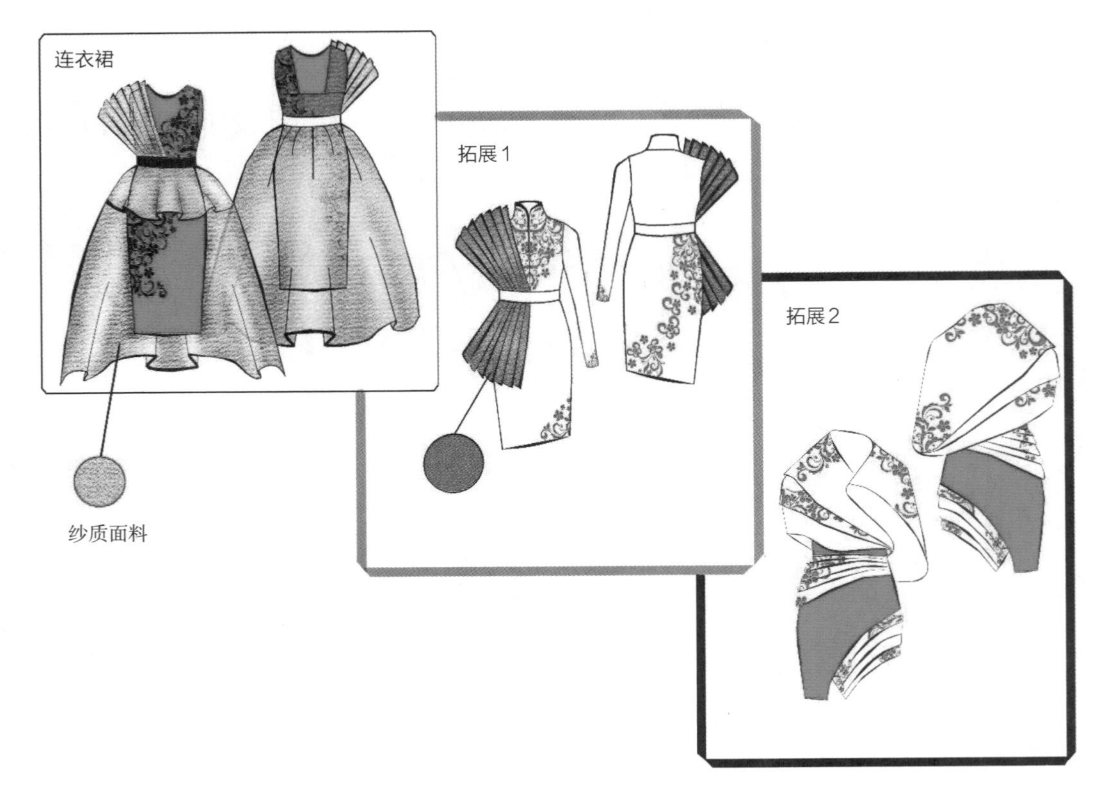

图4-25 系列产品款式拓展设计二

图4-26 系列产品款式拓展设计三

图4-27　系列产品款式拓展设计四

图4-28　系列产品款式拓展设计五

任务四　系列女装设计效果表达

在设计方式上可因人而异，可以先有主题构思，后画出款式拓展图、最终确立系列服装效果图，再选择面料及缝制样衣。也可以先确定材料，再进行下一步的构思设计。

一、系列设计效果图

系列设计效果图是表现已经构思的设计形式，包括草图构思、人体动态构思、女装细节、着装效果以及绘画技巧和艺术效果的表达（图4–29、图4–30），效果图上贴有面、辅料小样。

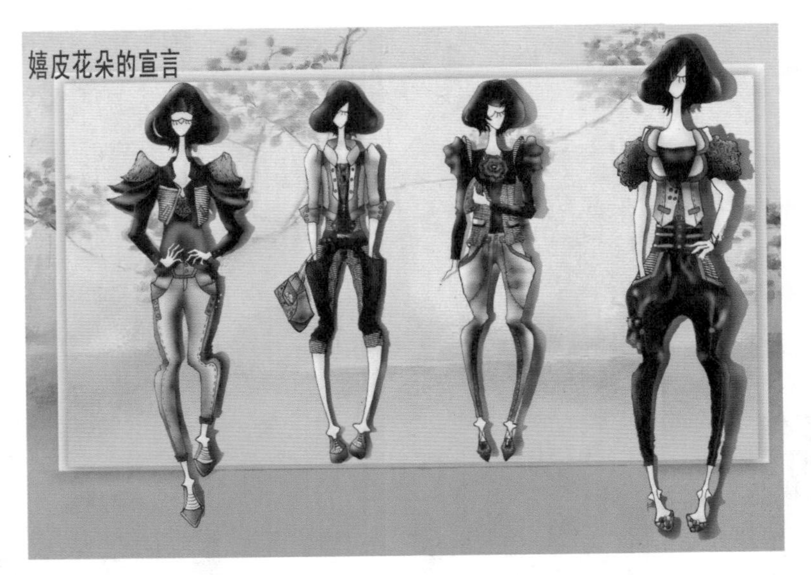

图4–29　系列设计效果图一

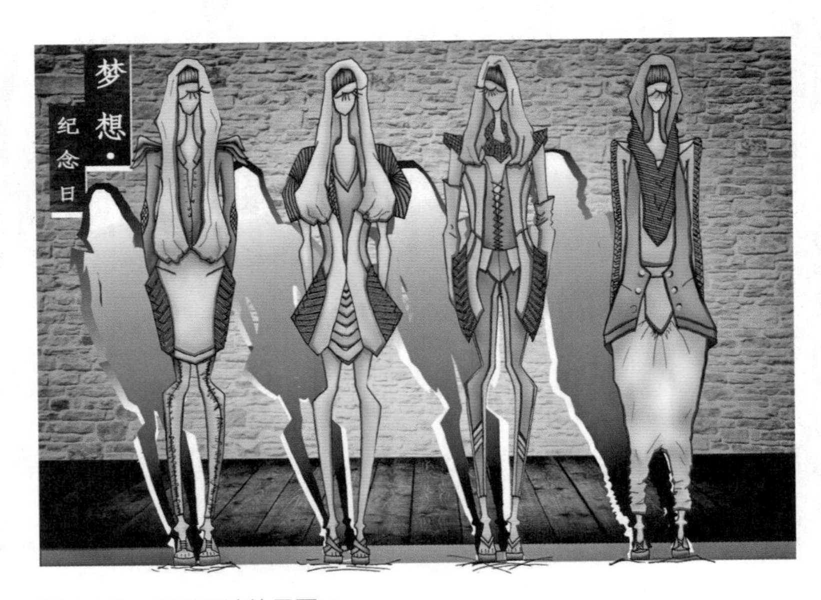

图4–30　系列设计效果图二

1. 正面款式图或背面款式图

完成人物着装后，画出女装的正面款式图或背面款式图（图4-31、图4-32）。当效果图是正面时，就画出背面款式图，当效果图是背面时则画出正面款式图。一般款式图为单线形式、较效果图小三分之二左右，款式的比例尺寸、细节都必须能让样板师、工艺师正确理解。

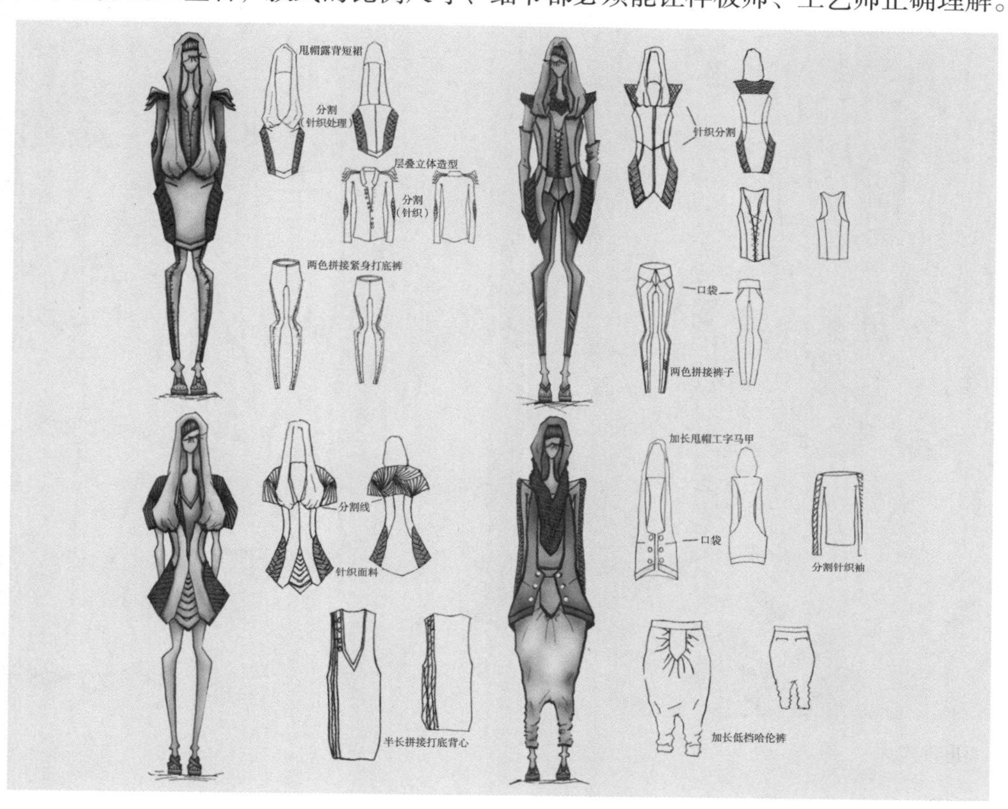

图4-31 《梦想·纪念日》款式图

说明：本作品原创共有4种款式，以花卉为元素，服装以黑色面料为主，低调时尚。体现青春活力旅行的快乐。上装领口处附有花瓣设计，裤子上宽下裤腿收，展现女性的美感，每款分为3件套，增加了服装的层次感。服装部分运用雪纺蕾丝面料，部分绿色为软牛仔，黄色部分为人造皮革面料。撞色的搭配，不同面料的拼接，紧跟时尚潮流。多层次的色彩令人着迷并充满喜悦，明亮的黄色和饱和偏冷的深灰绿涌动着冲撞的能量，沉稳的黑色不动声色地稳定了整个色彩系列。

图4-32 《嬉皮花朵的宣言》款式图

2. 细节的表现

在设计中，有些特别复杂的款式局部无法表达清楚，则需在效果图相应的部位放大画出细节部件的要求（图4-33~图4-35）。

图4-33 细节放大一

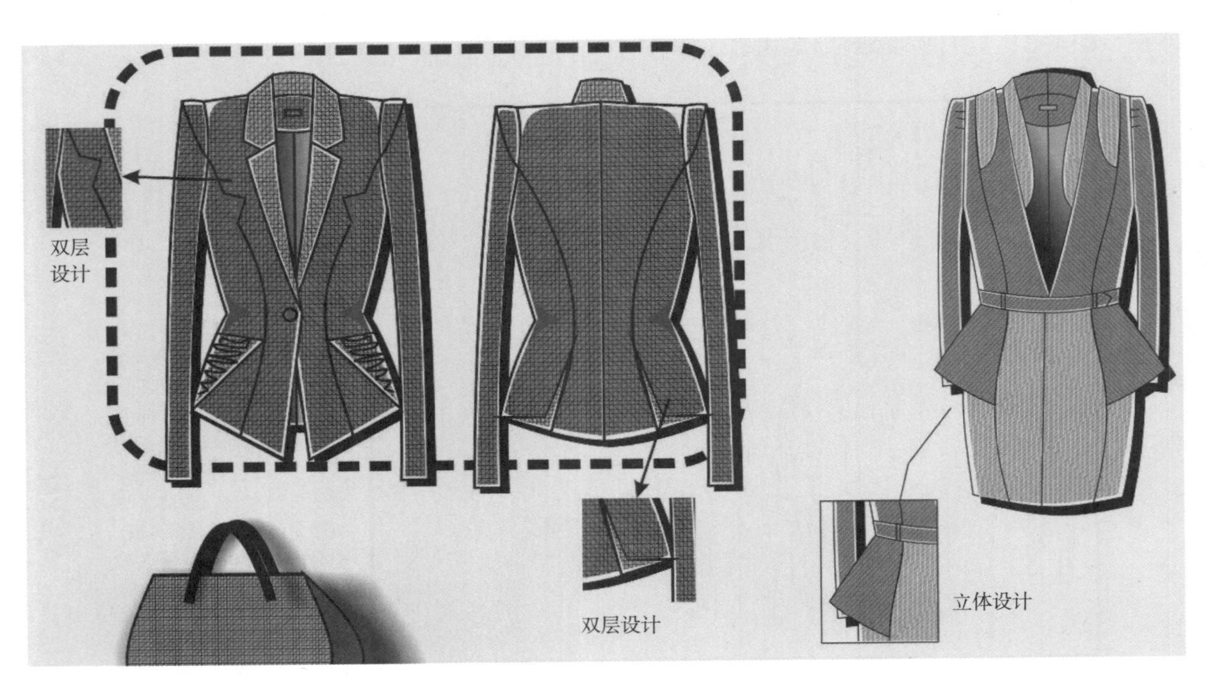

图4-34 细节放大二

图4-35　细节放大三

3. 文字说明

一个系列的设计，应有相关的文字说明和文字主题名。它包括设计主题名、灵感来源、设计意图、规格尺寸、材料要求、面/辅料种类和面料小样等说明（图4-36、图4-37）。

图4-36 《花样年华》文字说明

图4-37 《铿锵》文字说明

二、女装色彩系列表现

色彩是女装的第一外观要素，给设计带来很大的空间，但同时对设计者也是个极大的挑战。色彩很大程度上决定了着装效果，构思时受生活习惯、流行风潮、社会文化的影响（图4-38、图4-39）。

图4-38 《生如夏花》色彩表现

图4-39 《忆之韵》色彩表现

三、女装面料系列表现

面料的质地是面料表面的质感和织物组织的风格（图4-40、图4-41）。女装设计构思中，除考虑面料的手感、性能、视觉感受等，还要考虑女装所有用料的质地和性能，应正确选择以保持面料风格与款式风格的一致。

图4-40 《交织的乐章》面料表现

图4-41 《芳华》面料表现

四、装饰工艺系列表现

装饰工艺是女装的内结构，工艺技术的合理性、科学性，关系着女装制作质量的优与劣，直接影响市场销售份额。借助装饰工艺可以塑造女装的整体造型，充分展现女装的外观形态和内在品质（图4-42、图4-43）。

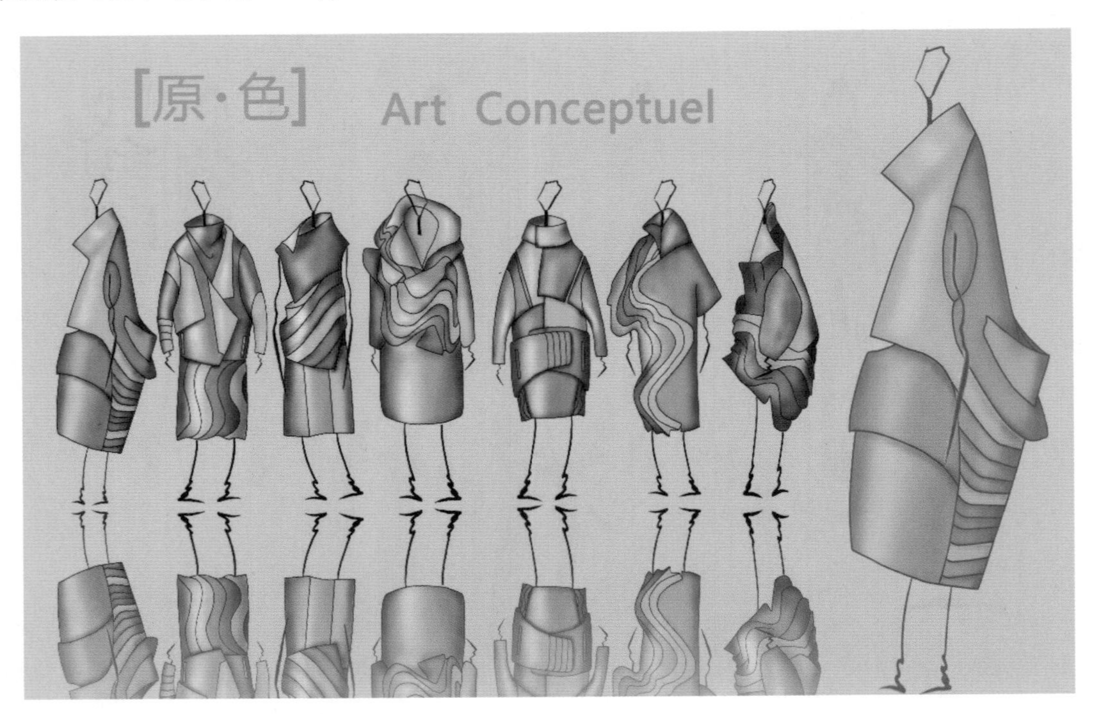

图4-42 《原·色》装饰工艺表现

图4-43 《自由·梦想》装饰工艺表现

五、女装服饰品系列表现（图4-44、图4-45）

图4-44 《影响力》服饰品表现

图4-45 《低调的奢华》服饰品表现

六、系列女装的风格特征（图4-46~图4-50）

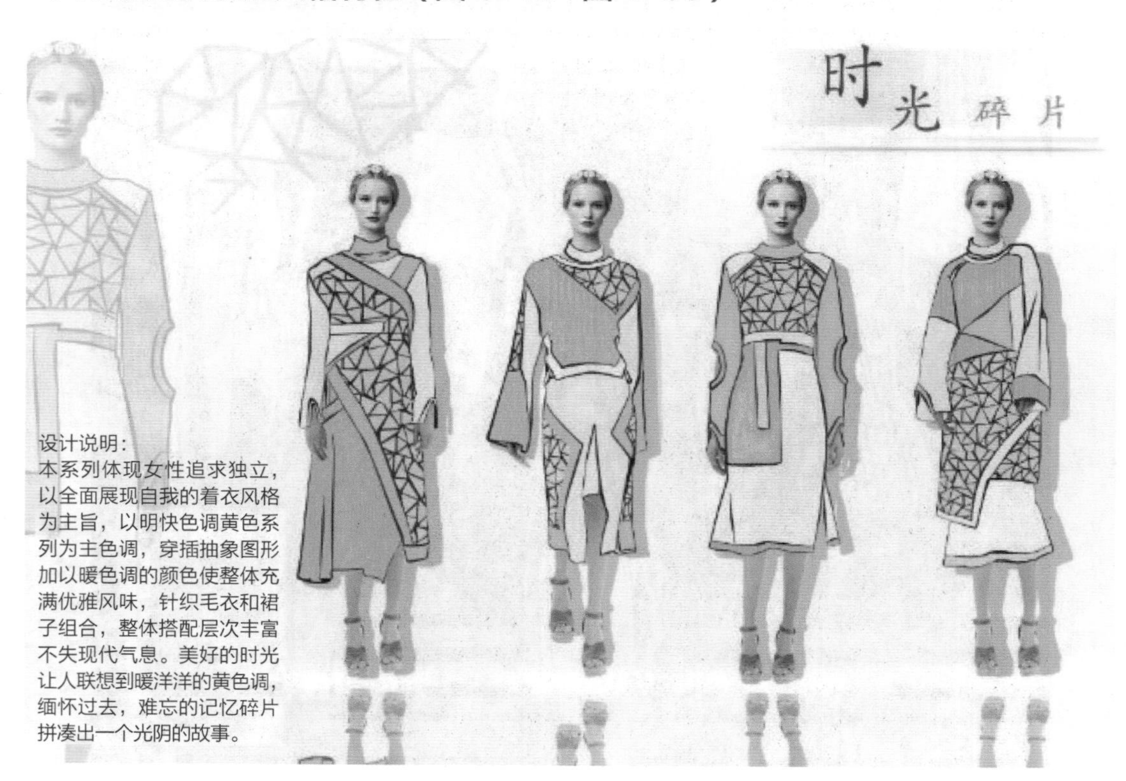

图4-46 《时光碎片》风格特征表现

图4-47 《织彩》风格特征表现

图4-48 《韵》风格特征表现

图4-49 《BLUE·海》风格特征表现

图4-50 《静谧时光》风格特征表现

思考与练习

1. 根据当季流行文化与元素确定设计主题，进行系列女装的设计。
2. 绘制服装系列款式图，包含正背面款式图及细节图。
3. 根据设计主图绘制系列服装效果图。

项目五

系列女装制板

任务内容： 1. 女装制板基础

2. 女装基本型纸样

3. 系列女装制板案例

任务课时： 14课时

教学目的： 1. 能够掌握女装技术项目制板部分的课程内容。

2. 能够掌握女装制板的规格设定。

3. 掌握女装制板的基本知识内容。

4. 培养学生理论联系实际的能力。

5. 培养学生敏锐的洞察力。

6. 培养学生的自学能力。

7. 资料整合和分析能力。

8. 培养学生团队合作的能力。

教学方式： 讲授、案例、引导启发、小组讨论、多媒体演示。

教学要求： 1. 以讲授为主，通过案例讲解，引导自主学习。

2. 下达任务书，明确任务。

3. 制订工作计划，继续分组制图，完成系列服装制图。

课前准备： 1. 能通过多种媒介获取相关资料。

2. 复习制板知识。

任务一　女装制板基础

系列女装设计是由款式设计、结构设计、工艺设计三部分组成。款式设计是创造服装的立体造型，结构设计是将立体形态分解成平面的裁片，工艺设计是将平面裁片按照一定的工艺标准重新组合成立体的服装。结构设计与制图在整个系列女装设计与制作中起着承上启下的作用，既是款式设计的延伸和发展，又是工艺设计的准备和基础。

通过结构设计过程分析，把握女装的立体形态，选择相应的结构形式，绘制成符合款式造型特点，准确反映服装规格的平面图。在结构平面图衣片轮廓线的外面加放缝份和贴边量，最后剪切成服装样板。服装样板就是生产制作服装的图纸，又称纸样、纸板等，是服装生产各个工序，如裁剪、缝制和熨烫等工艺阶段必不可少的生产工具。按照产品的规格系列及号型配置，利用标准样板进行推板，制作工业生产所需的全套样板，又称为工业样板或系列样板。

一、服装号型的标准

1. 号型的定义

服装号型是服装长短、肥瘦的标志，是根据正常人体体型规律和使用需要，选用最具代表性的部位，进行合理归并设置的。

“号”：是指人体高度，是以cm表示人体高度，是设计服装长度的依据。

“型”：是指人体围度，是以cm表示人体胸围或腰围。

2. 体型分类

成年人号型分为Y、A、B、C四种体型，四种体型是根据胸围和腰围的差值范围分档的（表5-1）。

表5-1　体型分类数据表　　单位：cm

性别	女				男			
体型分类	Y	A	B	C	Y	A	B	C
胸腰差数	19 ~ 24	14 ~ 18	9 ~ 13	4 ~ 8	17 ~ 22	12 ~ 16	7 ~ 11	2 ~ 6

（1）Y型是胸围大、腰围小的体型，称运动体型。

（2）A型是标准体型。

（3）B型是胸围丰满、腰围略粗的体型，也称丰满体型。

（4）C型是胸围丰满、腰围较粗的较胖体型。

3. 号型标志

号在前、型在后，中间用斜线分隔，型后面是体型分类。例如，女160/84A是指身高160cm，净体胸围84cm，体型分类代号为A，即胸腰围差为14～18cm。

4. 号型系列

号型系列是服装批量生产中规格制定和购买成衣的依据，号型系列以中间体为中心，向两边依次递增或递减组成。

（1）“号”的分档系列：成人的“号”以5cm分档组成系列，女子的号以145～175cm设置范围组成系列。

（2）“型”的分档系列：胸围以4cm分档组成系列，腰围以4cm或者2cm分档组成系列。

（3）按四类体型组成系列：成年男女身高与胸围、腰围搭配分别组成5·4、5·2号型系列。

5. 中间体成衣规格设计

中间体是指在大量实测的成人人体数据总数中占有最大比例的体型数值。国家设定的中间体具有较广泛的代表性，是指全国范围而言，各地区的情况会有差别，所以，对中间体号型的设置根据各地区的不同销售方向而定，不宜照搬，但规定的系列不变。所设计的中间体，按一定分档数，在设定范围内上下、左右推档组成规格系列（表5-2）。

表5-2 成人中间体尺寸表

单位：cm

性别 部位	女子				档差				男子				档差			
	Y	A	B	C	5·4		5·2		Y	A	B	C	5·4		5·2	
身高	160	160	160	160	5		5		170	170	170	170	5		5	
全臂长	50.5	50.5	50.5	50.5	1.5		1.5		55.5	55.5	55.5	55.5	1.5		1.5	
腰围高	98	98	98	98	3		3		103	102.5	102	102	3		3	
胸围	84	84	88	88	4		2		88	88	92	96	4		2	
颈围	33.4	33.6	33.6	34.8	0.8		0.4		36.4	36.8	38.2	39.6	1		0.5	
总肩宽	40	39.4	39.8	39.2	1		0.5		44	43.6	44.4	45.2	1.2		0.6	
腰围	64	68	78	82	4		2		70	74	84	92	4		2	
臀围	90	90	96	96	Y、A	B、C	Y、A	B、C	90	90	95	97	Y、A	B、C	Y、A	B、C
					3.6	3.2	1.8	1.6					3.2	2.8	1.6	1.4

6. 号型的运用

消费者在选购服装时，首先要确定自己的体型，即测量自己的身高、净胸围及腰围，算出胸腰围差数，确定自己属于Y、A、B、C四种体型的哪一种，从中选择符合自己号型类别的服装。若身高和胸围与号型设置不吻合时，则采用就近原则。

例如，身高在162～167cm范围，选用号为165cm的服装；人体净胸围为82～86cm范围内，选用型为84cm的服装。

二、女性人体与服装号型的关系

1. 女性人体分析

国际体型计量单位有三种方法：七头身、八头身、九头身。我国一直以七头身作为标准高度的依据，由于生活条件的提高，身高的总趋势是在不断增高，因此以后可能会以七头半作为身高的计量单位（图5-1）。

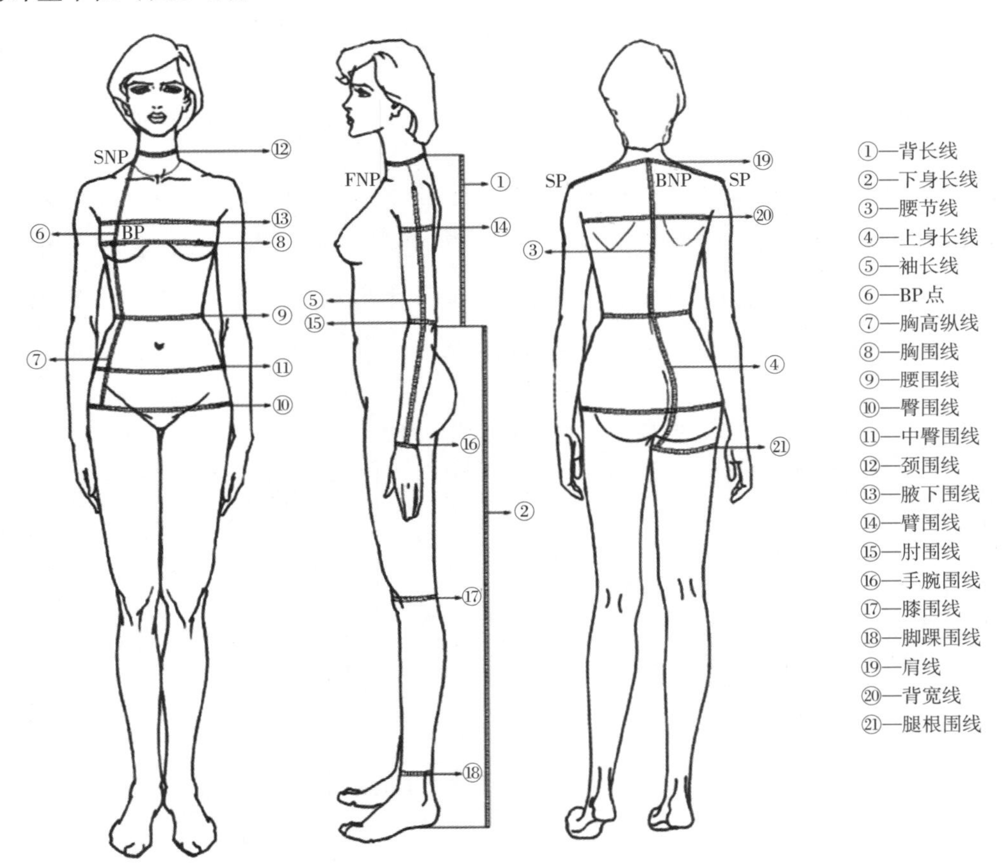

图5-1 亚洲女体七头高比例关系

2. 整体体态特征

女性骨骼纤细，体型平滑柔和，下身相对发达，肩部窄，胸廓体积小，骨盆窄，通体线条起伏落差明显，呈现S型。女性肌肉不发达，皮下脂肪较多，外形光滑、圆润；乳房凸起，背部稍后倾，颈部前伸，肩胛突起，后腰凹陷，前腹微凸，显现“S”造型（表5-3）。

表5-3 我国女性人体比例参考值

人体部位	身高	颈长	BP位	腰节位	上臂长	前臂长	手掌长	腰长	股上长	大腿长	小腿长
服装对应	衣长	领高	胸高位	腰节长	袖长	袖长	手套长	腰臀高	直裆	裤长	裤长
头长比例	7	1/4	1	5/3	4/3	1	2/3	5/7	6/5	8/5	4/3
身高比例	100%	3.6%	14.3%	24%	19%	14.3%	10%	16%	17.3%	23%	21%

通过褶裥、省道的设计，在结构上满足女性高落差的体态特征。因此，外形设计千变万化，省道、分割、褶裥的设计应用广泛，形式活泼，造型变化丰富。

（1）颈部：是头部与躯干的连接部位，不但是重要的生理部位，同时也是服装结构上的重要结构线。颈根部通常作为衣领结构线，它的形成是前颈点（FNP）、侧颈点（SNP）和后颈点（BNP）的连接线，裁面形状为桃形，桃尖部为前颈点（图5-1）。

（2）肩部：是由颈侧根部滑向肩峰外缘，与水平线构成约20° 的夹角，肩端略前倾，整个肩膀俯瞰呈弓形。这使得上衣的后肩缝线略斜于前肩缝线，且前肩缝线外凸，后肩缝线内凹。肩部前面两侧高，中间凹陷，后面相反，表面较为圆润。女性的肩部斜而窄，成年女子肩斜角平均度21°，肩头前倾度、肩膀弓形状比较明显。因此，在相同条件下，女装前、后肩缝线的平均斜度要大于男装。

（3）手臂：手臂的肘关节，只能前曲，不能后弯，所以当人体自然直立时，手臂呈稍向前弯曲的状态，弯曲的程度女性约为6.8cm。这就是通常所说的手臂的方向性，是决定袖的形状要素之一。由于手臂的方向性，为了使袖形状贴合人体，反映手臂的弯曲弧度，常采用两片袖的形式。

（4）背部：女性背部窄且较为平坦，体表较浑圆，背部曲线较为明显，与服装设计有着密切的关系。对于高档贴体服装，如何能够正确体现背部曲线是成衣质量的重要因素。对于女式合体外套，由于背部浑圆且曲度明显，因此一般在后衣片上的肩部设置肩省。

（5）胸部：由于乳峰高高隆起，使得女性胸部呈圆锥状。女性的乳峰形体特征决定了胸省、胸裥等女装结构的特有形式。胸部的设计是成年女子服装设计的关键，女装的风格在一定程度上取决于胸部的形态显现特征和造型。对于丰乳细腰造型和少女造型，前者省缝量大，省尖位置偏低，后者省量小，省尖位置偏高。

（6）腰腹部：女性腹部浑圆，相对男性较宽。腹部有重要的服装设计基准线——腰身。通常腰节是人体腰部最细的地方。服装腰身设计随着时代背景、流行趋势等因素不断变化，腰身位于乳房区域附近的为高腰式，位于髋骨区域附近的为低腰式。如何合理运用腰身位置的变化，松量的加放，以及装饰设计效果，是进行服装设计不可忽视的重要内容。一部分中年人，由于腹部脂肪集聚过多，形成明显的大腹体型，在前裤片的裁剪过程中，要对其前裆线，沿臀围线方向进行适量加放。

（7）下肢：女性臀宽且大于肩宽，后臀外凸明显，呈球面状。臀部的外凸使得裤子的后裆宽大于前裆宽；后裆线为斜线，斜度与臀斜角一致。女性宽臀与细腰之间的围度差是下装产生褶裥和省道的主要原因。

臀部股关节是日常生活中运动较多的部位，在运动时产生的尺寸变化较大，特别是在坐姿向前屈身时最大，一般平均7cm，个别达到9cm。因此在设计下装时，必须要考虑臀部的放松量。

三、成衣规格的制定方法和表达方式

量体所得的尺寸均为净尺寸，在确定服装规格时，大多围度部位需要加放尺寸，即放松量。松量的加放值可大可小，体现在服装形态效果上，有紧身、合体、半合体、半松体、松体、特松体等区别，它是决定服装造型的基本要素。净尺寸加松量之和等于成品规格，例如，净胸围84cm，成品胸围102cm，即胸围总松量为18cm（表5-4～表5-6）。

表5-4　内装厚度

单位：cm

服装品种	衬衫	薄毛衫	中厚毛衫	厚毛衫	毛衣	棉衣	厚棉衣
厚度	0.1	0.2	0.3	0.4	0.5	1	1.5
放松度	0.63	1.26	1.9	2.5	3.14	6.3	9.4

表5-5　服装胸围放松量设计参考

单位：cm

<table>
<tr><td colspan="4">胸围加放尺寸=人体基本活动放松量+内层衣服放松量+服装款式造型放松量</td></tr>
<tr><td>人体基本活动放松量</td><td>内层衣服放松量</td><td colspan="2">服装款式造型放松量</td></tr>
<tr><td rowspan="5">型×（10%～12%）</td><td rowspan="5">2π×内层衣服厚度</td><td>紧身型</td><td>-4～-6</td></tr>
<tr><td>合体型</td><td>-2～+2</td></tr>
<tr><td>较合体型</td><td>+2～+6</td></tr>
<tr><td>较宽松型</td><td>+6～+10</td></tr>
<tr><td>宽松型</td><td>12以上</td></tr>
</table>

表5-6　服装其他部位放松量设计参考

单位：cm

<table>
<tr><td>季节
款式部位</td><td colspan="6">夏季</td><td colspan="6">春秋季</td><td colspan="6">冬季</td></tr>
<tr><td rowspan="2">领围</td><td colspan="3">立领</td><td colspan="3">翻领</td><td colspan="3">立领</td><td colspan="3">翻领</td><td colspan="3">立领</td><td colspan="3">翻领</td></tr>
<tr><td colspan="3">2~3</td><td colspan="3">3~5</td><td colspan="3">5</td><td colspan="3">6~8</td><td colspan="3">8~10</td><td colspan="3">10~12</td></tr>
<tr><td rowspan="2">肩宽</td><td colspan="2">紧身型</td><td colspan="2">合体型</td><td colspan="2">宽松型</td><td colspan="2">紧身型</td><td colspan="2">合体型</td><td colspan="2">宽松型</td><td colspan="2">紧身型</td><td colspan="2">合体型</td><td colspan="2">宽松型</td></tr>
<tr><td colspan="4">-2~1</td><td colspan="2">2~4</td><td colspan="2">0</td><td colspan="2">1~2</td><td colspan="2">4以上</td><td colspan="2">1~2</td><td colspan="2">2~4</td><td colspan="2">6以上</td></tr>
<tr><td>备注</td><td colspan="18">无领、无袖根据款式造型可任意设计</td></tr>
</table>

任务二　女装基本型纸样

衣身结构制图分为直接制图和间接制图。直接制图是按照衣身各部位的计算公式算出具体数值后按顺序制图；间接制图在原型的基础上，在具体部位上通过放出、减少、展开、折叠等方法绘出所需款式的结构图形。

一、前后衣身基本纸样

1. 制图参考尺寸（表5-7）

表5-7　上衣基本纸样规格

单位：cm

部位（160/84A）	身高	胸围（*B*）	腰围（*W*）	臀围（*H*）	领围（*N*）	肩宽	背长	袖长	袖口宽
规格	160	84	68	90	36	39	37	52	15

2. 衣身基本纸样（图5-2）

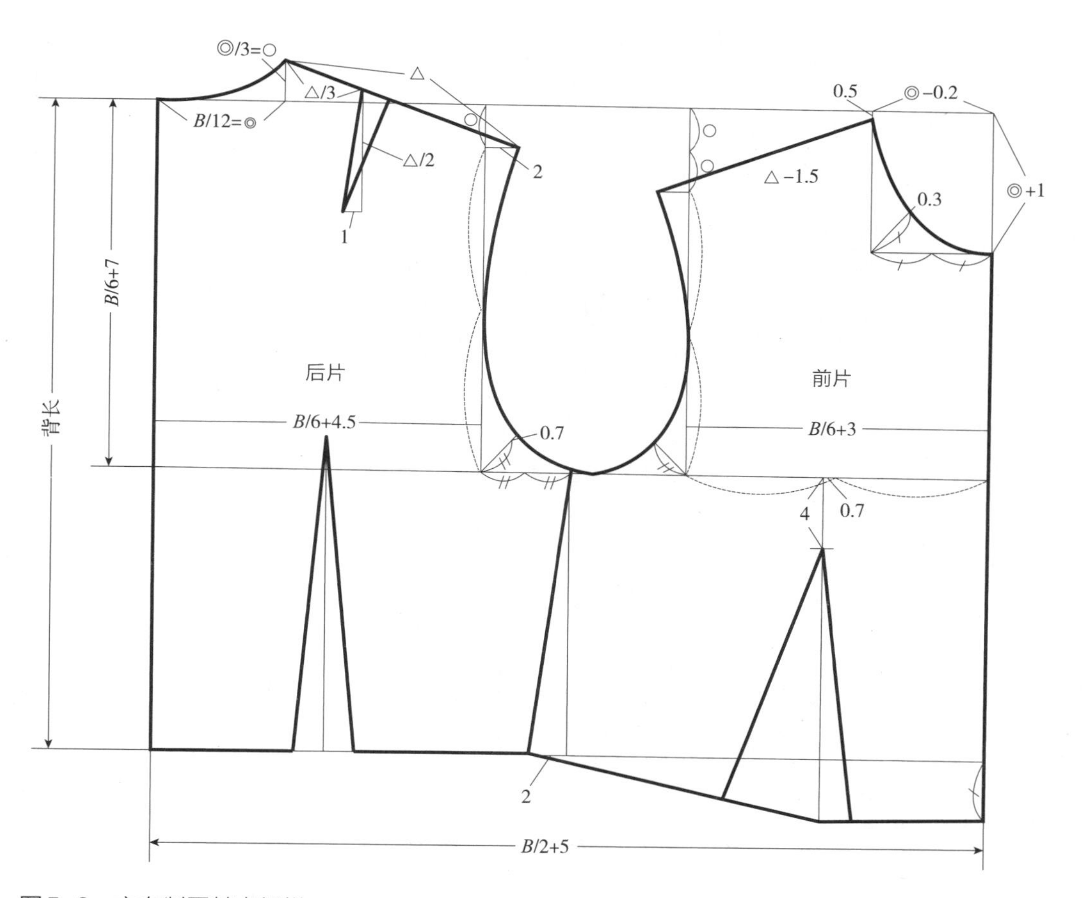

图5-2　衣身制图基本纸样

3. 袖子基本纸样（图5-3）

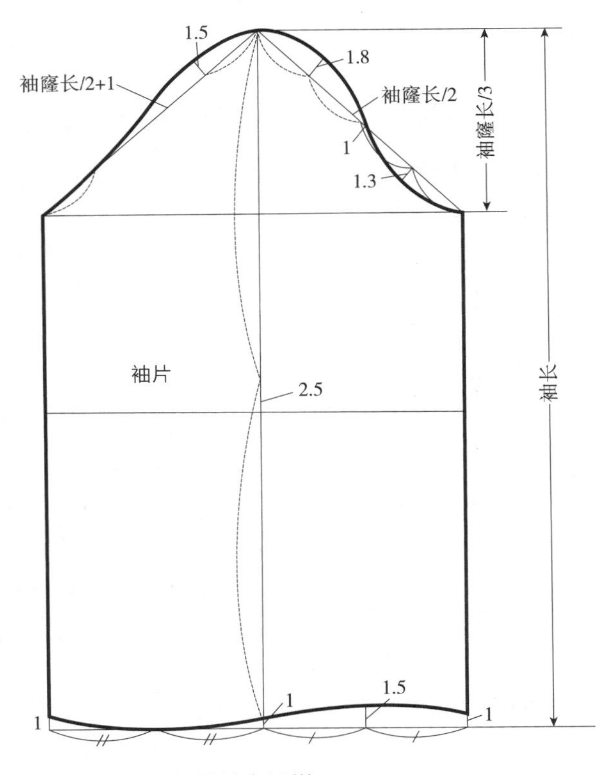

图5-3　袖身制图基本纸样

4. 裙子基本纸样（图5-4）

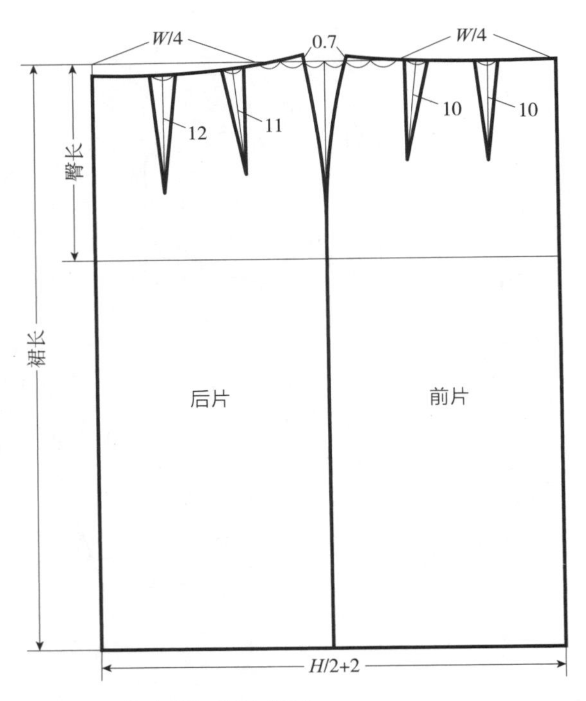

图5-4　裙身制图基本纸样

二、上衣纸样处理技巧

1. 上衣肩线处理技巧（图5-5）

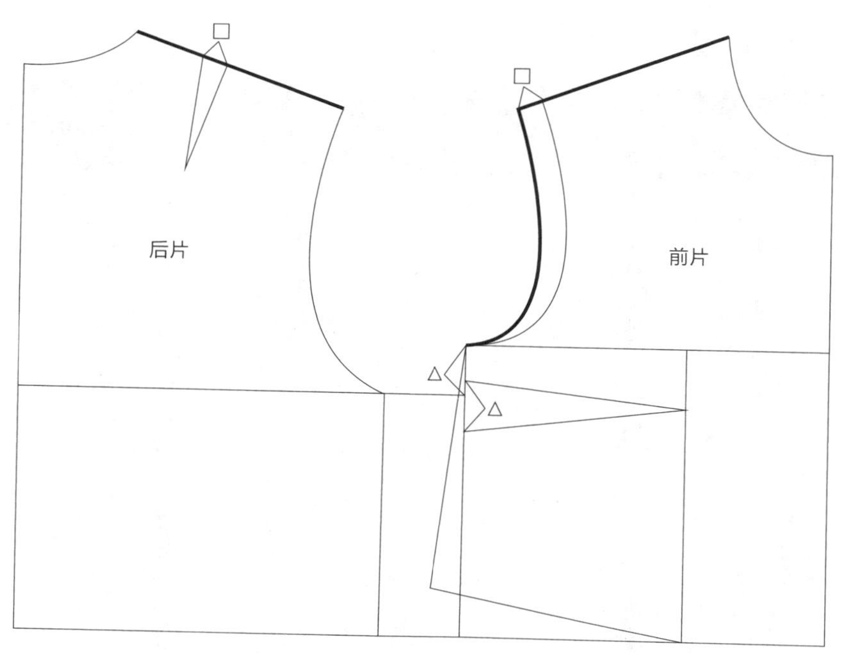

图5-5　上衣肩线处理基本纸样

2. 上衣腰线处理技巧（图5-6）

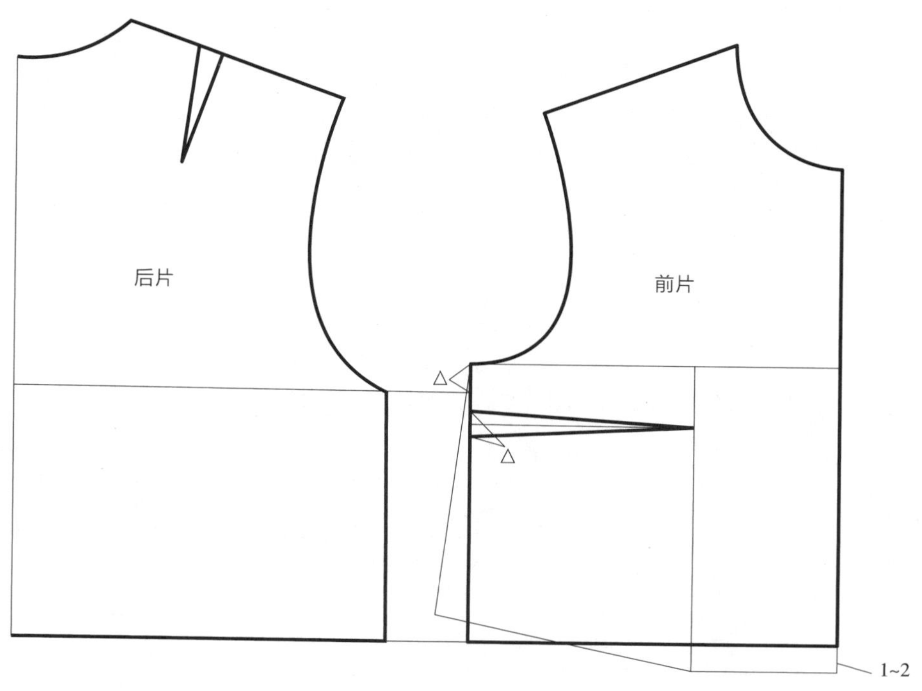

图5-6　上衣腰线处理基本纸样

任务三　系列女装制板案例

案例一：《瑰语》系列（图5-7、图5-8）

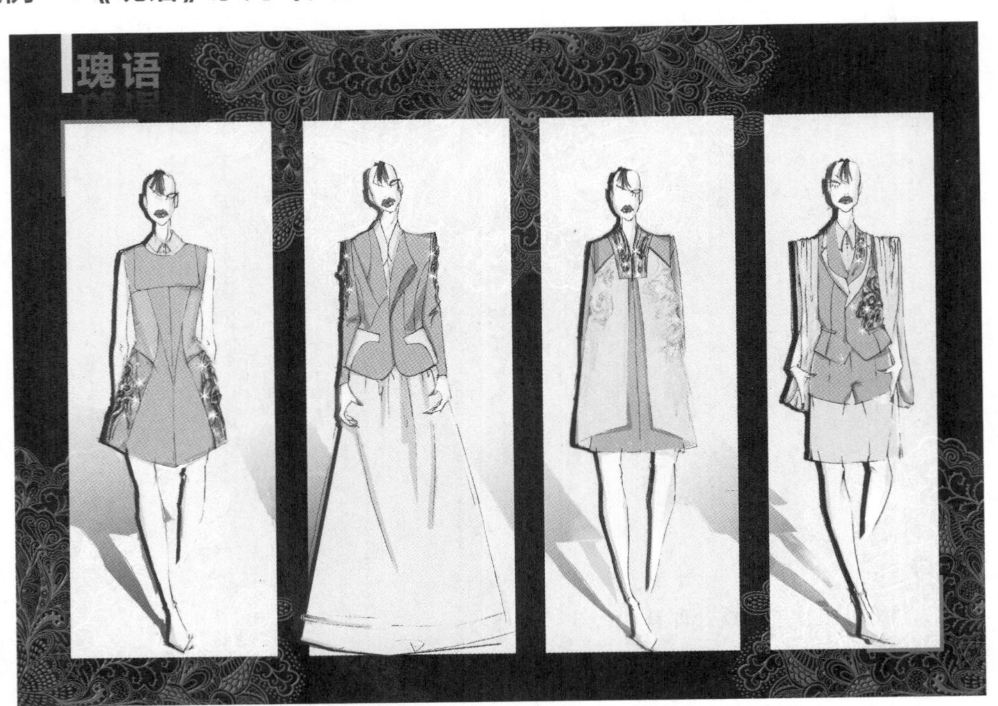

图5-7 《瑰语》系列女装设计效果图

设计说明

本系列作品主要定位于25~40岁的白领女性，有一定的经济能力，时尚品位。创意灵感来源于玫瑰花的传说，象征浪漫、爱情、勇气和献身精神的玫瑰花，高贵典雅。在希腊神话中，既是美神的化身，又融进了爱神的鲜血，集爱与美于一身。其精神鼓励我们，只有拥有玫瑰品格，才能登上人生的山顶。把它以符号形式装饰在白领女性的服装和饰品上有着一股不可抗拒的魔力，不知不觉就会被它吸引。本系列服装采用灰色为主，玫瑰红色为辅，灰色，就是黑白的合体，代表一切颜色，是世界上最炫的颜色。具有中庸、平凡、温和、谦让、中立、高雅的心理感受，更适合沉稳庄重的白领女性。灰色就是不动声色，是包容大度，是一笑了之。时间和经验把人磨炼成灰色的价值，隐蔽一些，内敛一些，朦胧一些，低调一些，更有弹性，是潜在的力量。本系列作品主要以简约、时尚、休闲、市井并且融合了结构哲学的设计理念风格，裁剪结构独特，选用不对称裁剪，包边，开衩等多样缝制技艺，同时，在选用了多样风格的装饰点缀，玫瑰符号性盘花结合亮片，珠子，都完美的诠释本系列的主题尽显熟白领女性风范，透露着高贵与神秘。

图5-8 《瑰语》系列女装设计款式图及设计说明

款式一：修身分割长裙

（1）款式说明：衬衫领与无袖连衣裙结合，体现出空间感和层叠感。胸部与腰部采用独特分割、裙摆放量与腰部收量形成对比，体现女性S型曲线，裙片侧下摆部分进行面料团花设计，贴合设计主题（图5-9）。

图5-9　修身分割长裙款式图

（2）修身分割长裙成品规格：根据款式特点，结合面料缩率和工艺耗损，设定裙长为85cm（下摆折进量5cm），胸围加4cm松量，腰围加2cm松量，设定规格如表5-8所示。

表5-8　修身分割长裙成品规格

单位：cm

号型	领围（N）	裙长	胸围（B）	腰围（W）	肩宽（S）	领高
160/84A	36	85	88	70	40	4.5

（3）修身分割长裙制板：如图5-10、图5-11所示。

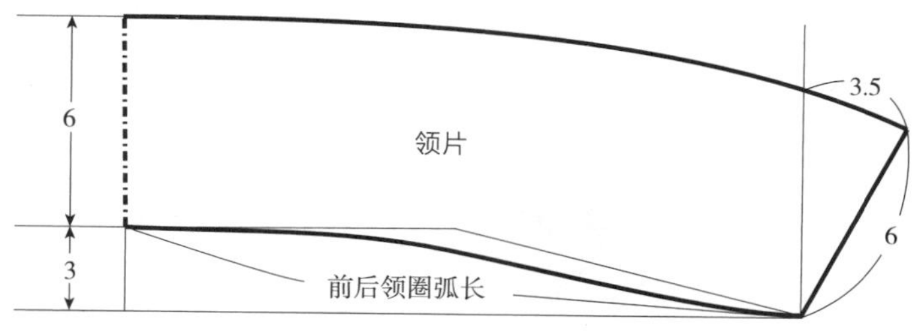

图5-10　修身分割长裙衬衫领结构图

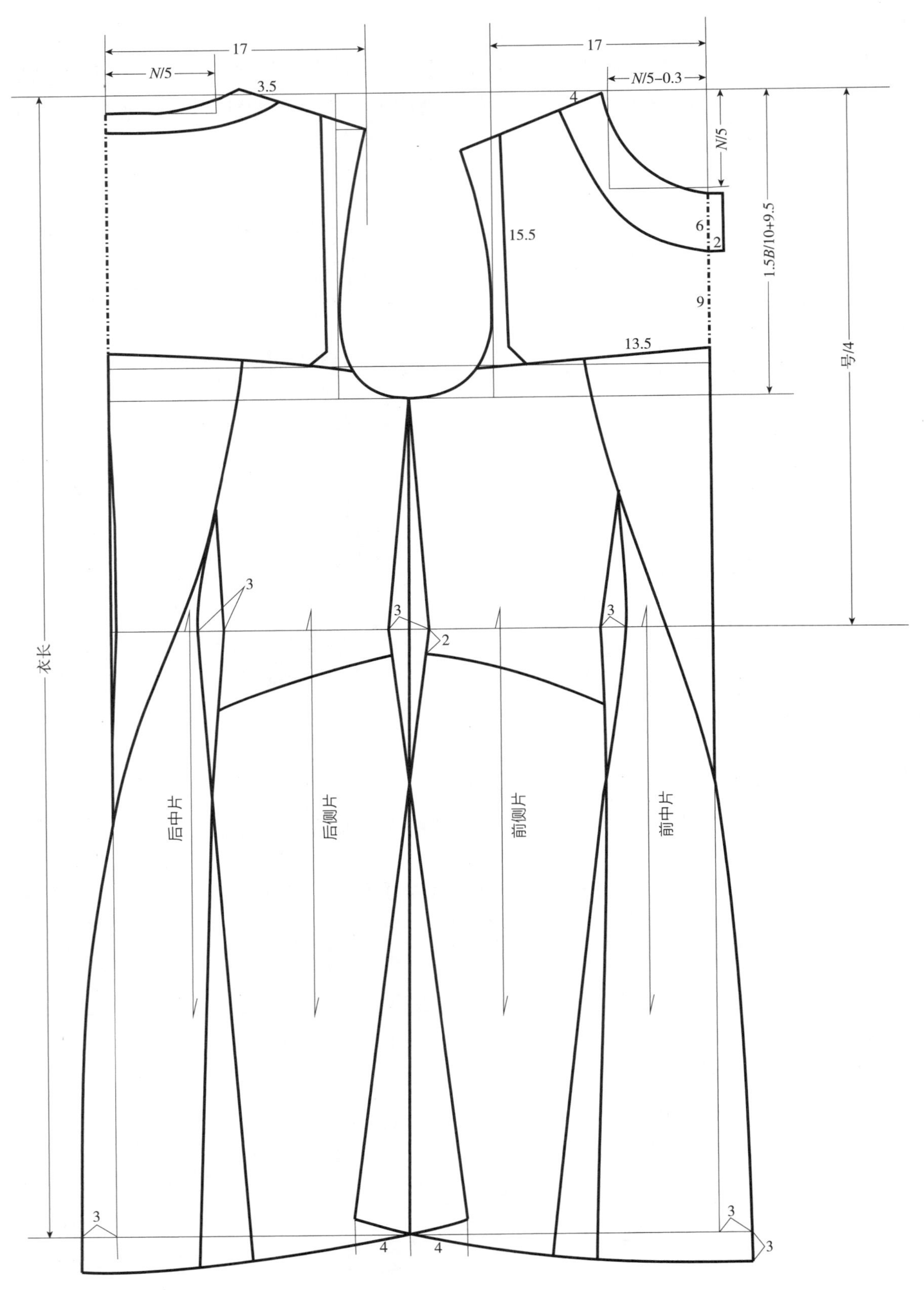
17
N/5
3.5
17
N/5−0.3
4
N/5
1.5B/10+9.5
号/4
15.5
6
2
9
13.5
衣长
3
3
3
2
后中片
后侧片
前侧片
前中片
3
4
4
3
3

图5-11　前后裙身制图

款式二：修身外套与百褶长裙

（1）款式说明：修身、经典廓型、腰线明显的小外套，嵌条的运用展现款式的精致。肩部层叠造型与口袋透叠设计相呼应。衣身中大量运用分割、裥、不对称造型，肩袖部团花设计。下装为及踝百褶长裙，采用欧根纱面料，塑造百褶大摆蓬裙质感，至底摆五厘米处三层塔克褶，增加裙子的重量感与层次感（图5-12、图5-13）。

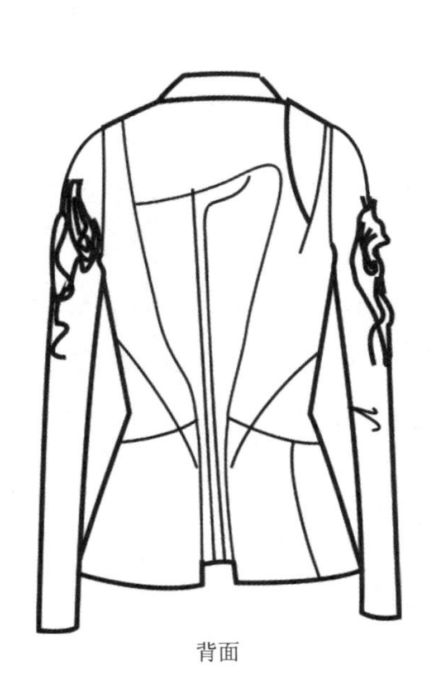

图5-12　修身外套款式图

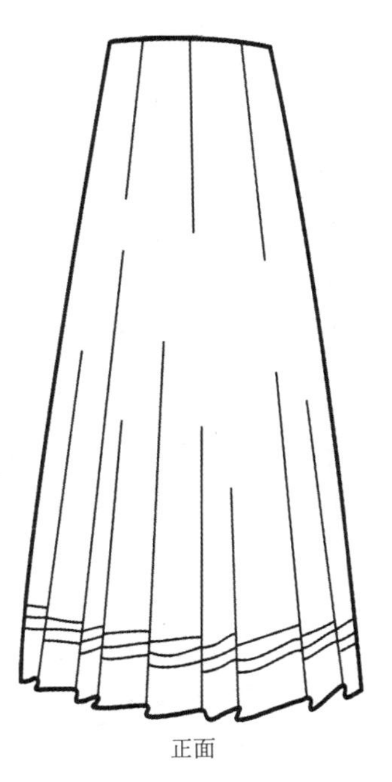

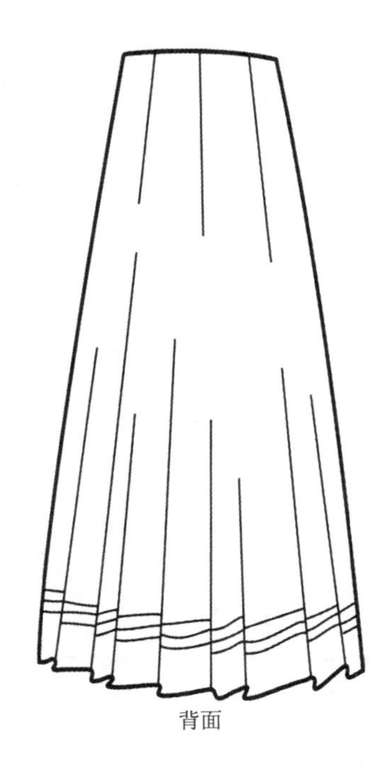

图5-13　百褶长裙款式图

（2）修身外套与百褶长裙成品规格：结合面料特性缩率和工艺耗损，设定上装衣长59cm，胸围加放6cm，即90cm。下装为百褶裙，裙长95cm，腰围不加松量，设定规格尺寸如表5-9所示。

表5-9　修身外套与百褶裙成品规格　　单位：cm

号型	衣长	胸围（B）	肩宽（S）	领围（N）	袖长	裙长	臀围（H）	腰围（W）
160/84A	59	90	40	36	54	95	96	68

（3）修身外套制板：如图5-14～图5-16所示。

①前后片制板分解：

· 根据款式图先作画衣身的基本轮廓结构，再画出袖子等零部件的结构。

· 根据款式特点，确定前后衣身不对称分割设计。

· 确定口袋的位置和规格。

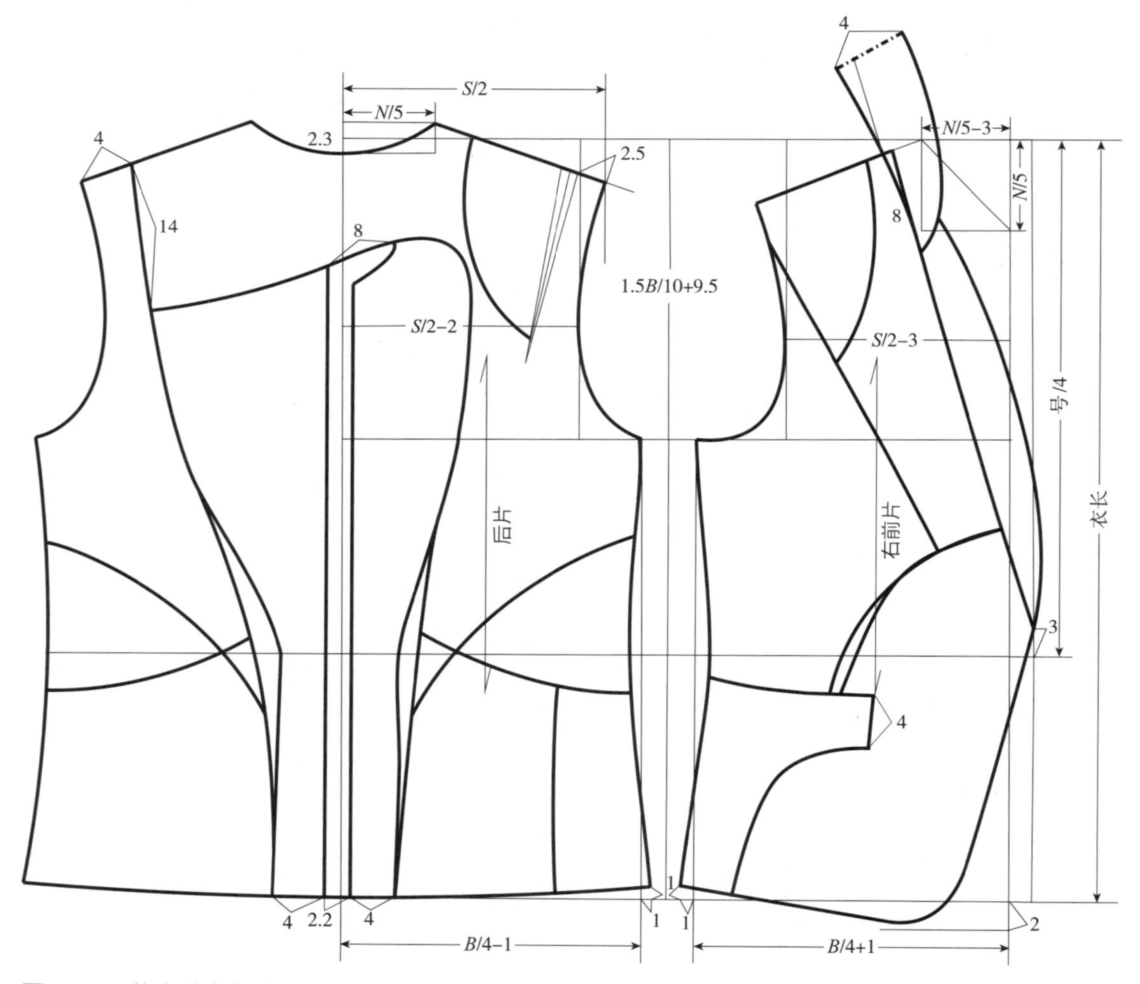

图5-14　修身外套右前片右片及后片结构图

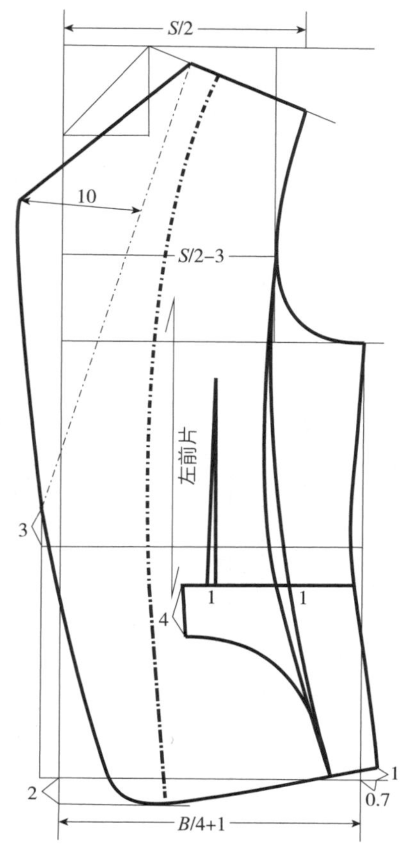

图5-15　修身外套左前片结构图

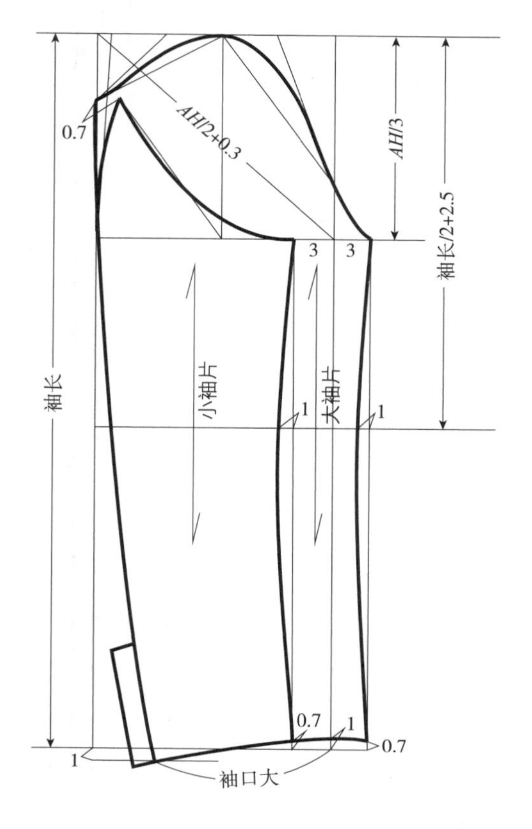

图5-16　修身外套袖片结构图

②样片分割与放缝：

前片：前片为不对称设计，左前片分割为三片，右前片分割为四片，前片除底摆放缝4cm，其余放缝均为1cm。

后片：后片同为不对称设计分割，加后贴片共分14片，除底摆放缝4cm，其余放缝均为1cm。

袖子：袖子分为大袖和小袖两个部分，除袖口放缝4cm，其余均放缝1cm。

（4）百褶长裙制板：如图5-17所示。

①百褶裙为两片结构，裙腰装松紧带，裙底摆加放9cm褶裥量，底摆放缝4cm，其余放缝1cm。

②褶裥数：裙子每个褶裥相隔为3～4cm，此款设为4cm。然后根据臀围大小确定褶裥数，计算方法为$H/4$=24cm。

③褶裥量：褶裥量为5cm。

④腰臀差的处理：根据规格尺寸得知，臀腰差为96cm-68cm=28cm，腰臀差要平均到每个暗裥里。

⑤前后中褶裥量的设计：由于采取一半制图的方法，图中前后中心线为点划线，所以前后中的褶裥量为2.5cm。

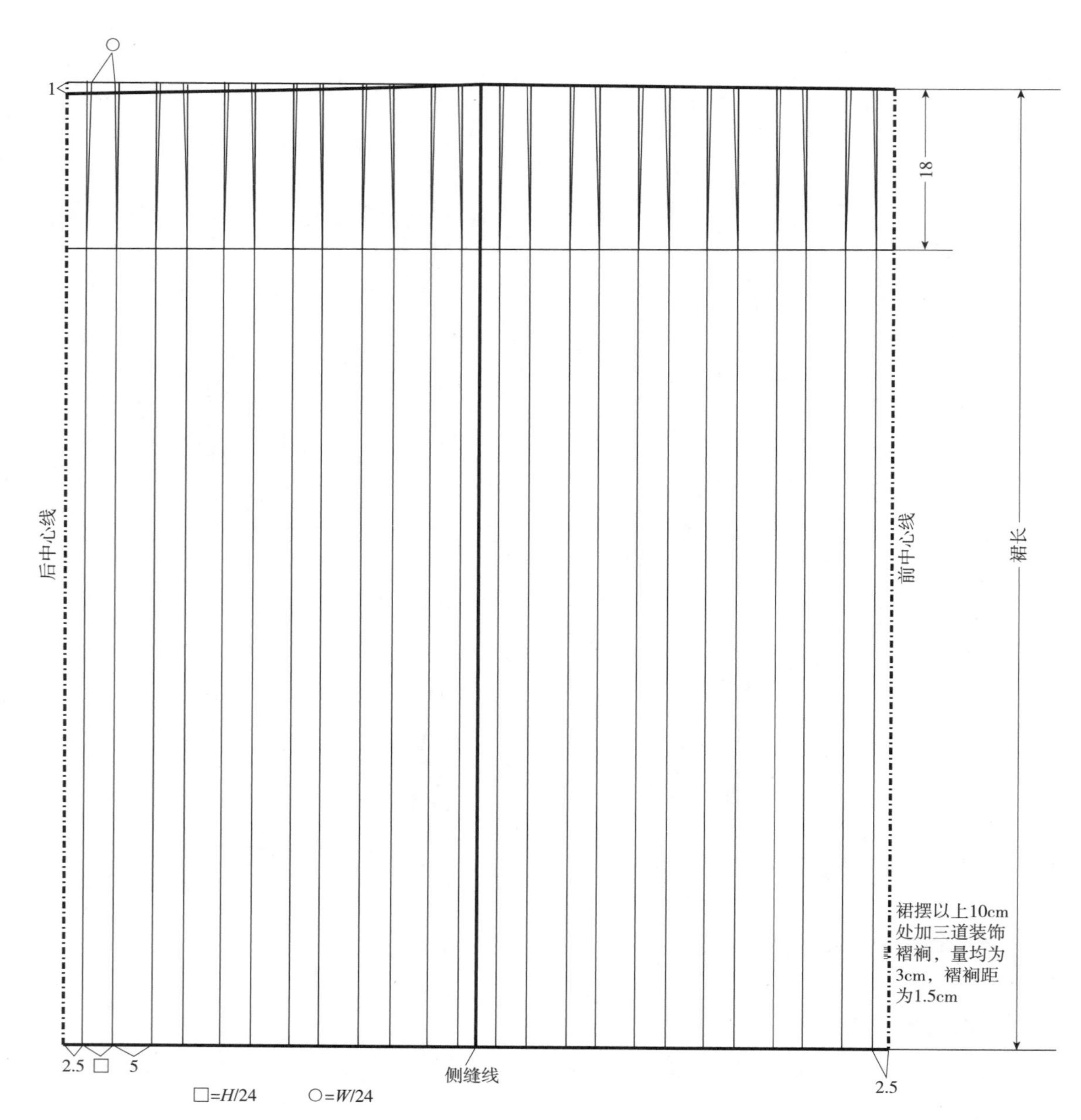

图5-17 百褶长裙结构图

款式三：箱式大衣

（1）款式说明：韩式领口设计肌理，创意粉色小拉链设计，合体肩部设计体现身材的娇小，胸、背部衣片前后采用团花肌理拼贴设计，欧根纱层叠覆盖，既体现大衣的挺括感又有飘逸的柔美感（图5-18）。

（2）箱式大衣成品规格：结合面料特性缩率和工艺耗损，设定衣长为85cm，服装为箱式，故腰围尺寸不计，胸围加放4cm，设定规格尺寸表如表5-10所示。

表5-10 箱式大衣成品规格 单位：cm

号型	衣长	胸围（B）	袖长	肩宽（S）	领围（N）
160/84A	85	88	56	40	36

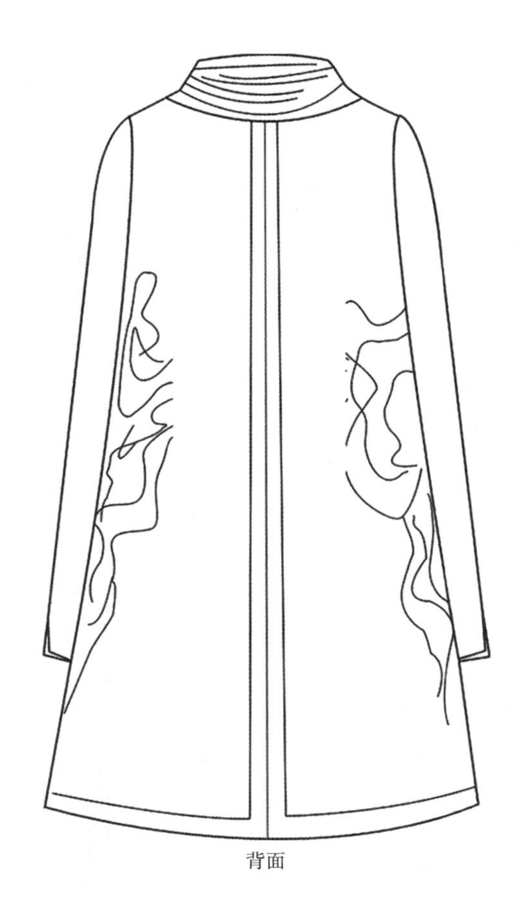

图5-18　箱式大衣款式图

（3）箱式大衣制板：如图5-19、图5-20所示。

①根据基本款式先绘出衣身的基本轮廓解构框架，然后绘出袖子等零部件结构。

②根据款式特点，确定前后片底摆加大量为4cm，形成A字板型。

③根据服装款式，绘制前片领口，调整领宽尺寸，确定领宽度为6cm，领深距袖窿深线4.5cm。

④根据服装款式，设计前后片分割线。

⑤袖子为两片袖设计，袖口有开衩。

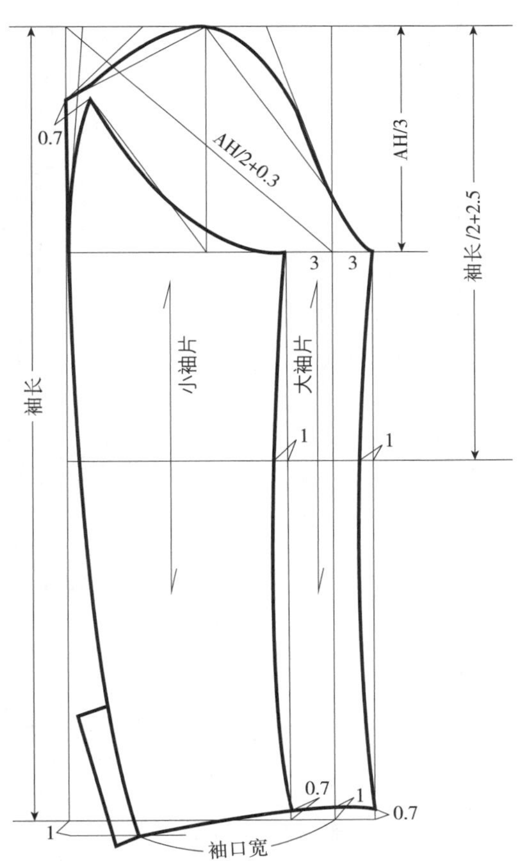

图5-19　箱式大衣袖片结构图

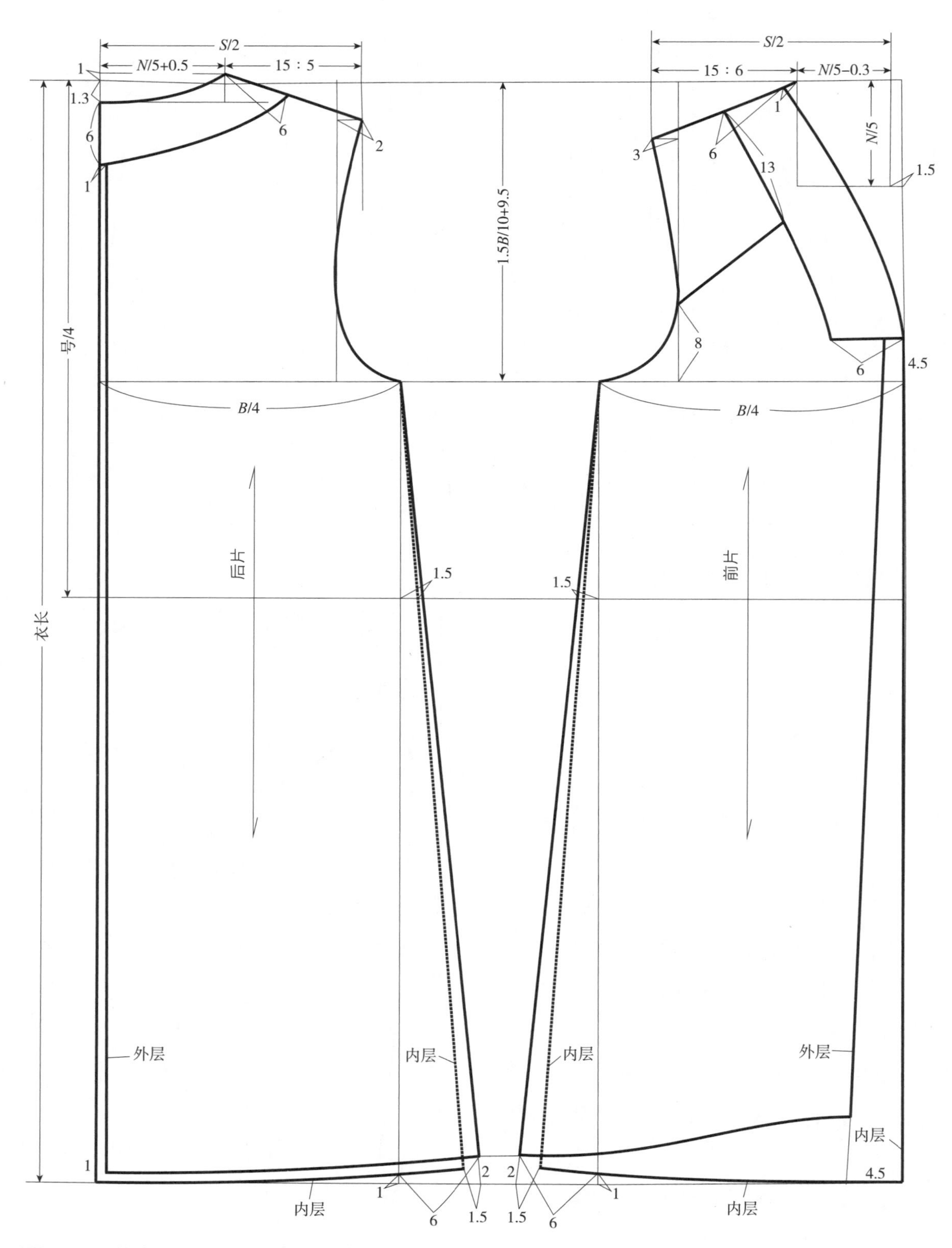

图5-20　箱式大衣前后衣片结构图

款式四：马甲套装

（1）款式说明：

①双层领马甲：双层西装领造型，后腰部弧线分割设计，并配合团花肌理装饰设计，塑造修身装饰效果（图5–21）。

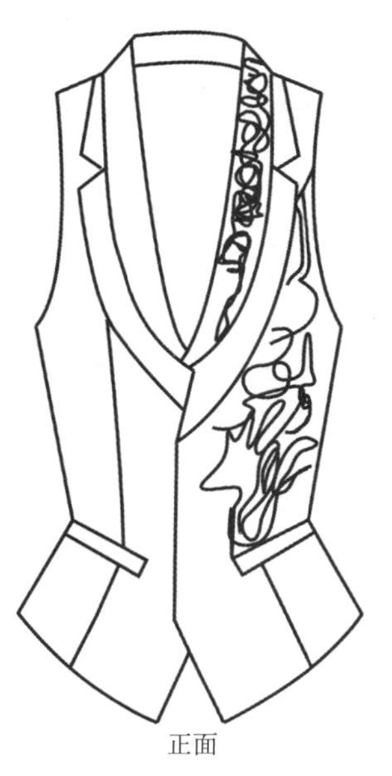

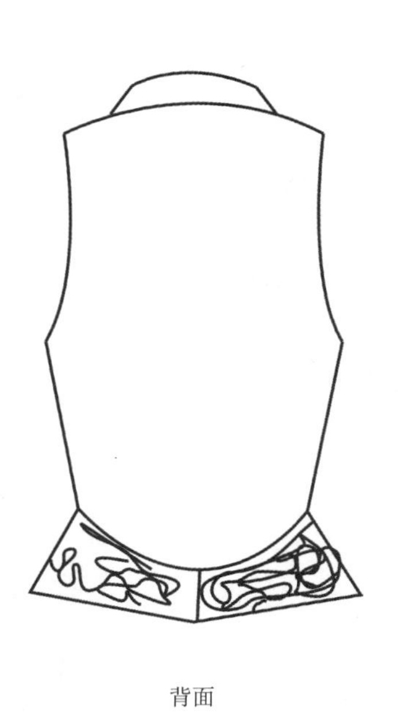

图5–21　双层领马甲款式图

②丝绵连身袖衬衫：传统领型，连袖式创意衣身，肩部抽褶，垫肩塑造夸张造型，底摆拼合、侧缝不缝合、敞开式袖型。前后衣身腰部留口用于马甲的穿插（图5–22）。

图5–22　丝绵连身袖衬衣款式图

③短裤：低腰设计，前后片分割，前后各两个省道（图5–23）。

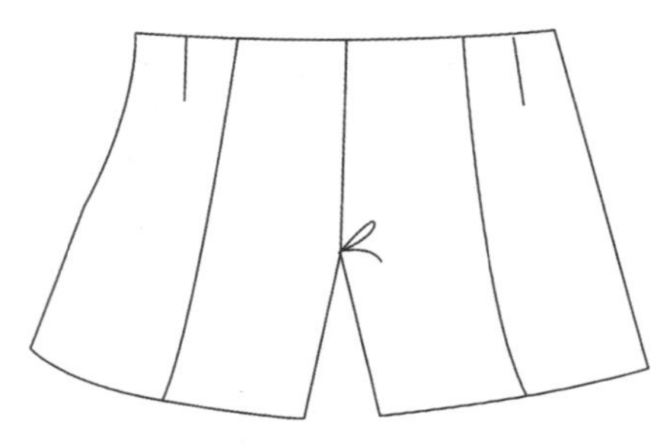
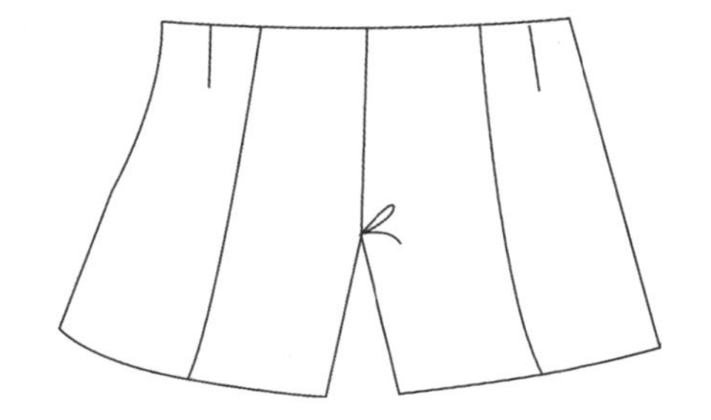
图5-23 短裤款式图

④透明纱裙：穿于短裤之外，窄腰设计，左右开侧缝（图5–24）。

图5-24 透明纱裙款式图

（2）马甲套装成品规格：

①双层领马甲：根据服装款式，结合面料特性缩率和工艺损耗，设定基本衣长为52cm，胸围加放4cm，腰围与胸围差保持在12～16cm。

②丝绵连身袖衬衫：该衬衣为立体裁剪，人台规格为160/84A。

③短裤：根据服装款式，结合面料特性缩率和工艺损耗，设定基本裤长为33cm，腰围加放2cm，臀围加放4cm，即88cm+4cm=92cm，设定规格如表5–11所示。

表5-11 马甲套装成品规格 单位：cm

号型	衣长	胸围（*B*）	腰围（*W*）	臀围（*H*）	肩宽（*S*）	领围（*N*）	裤长	直裆
160/84A	52	88	70	92	40	36	33	27

（3）马甲套装制板：

①双层领马甲制板如图5–25所示。

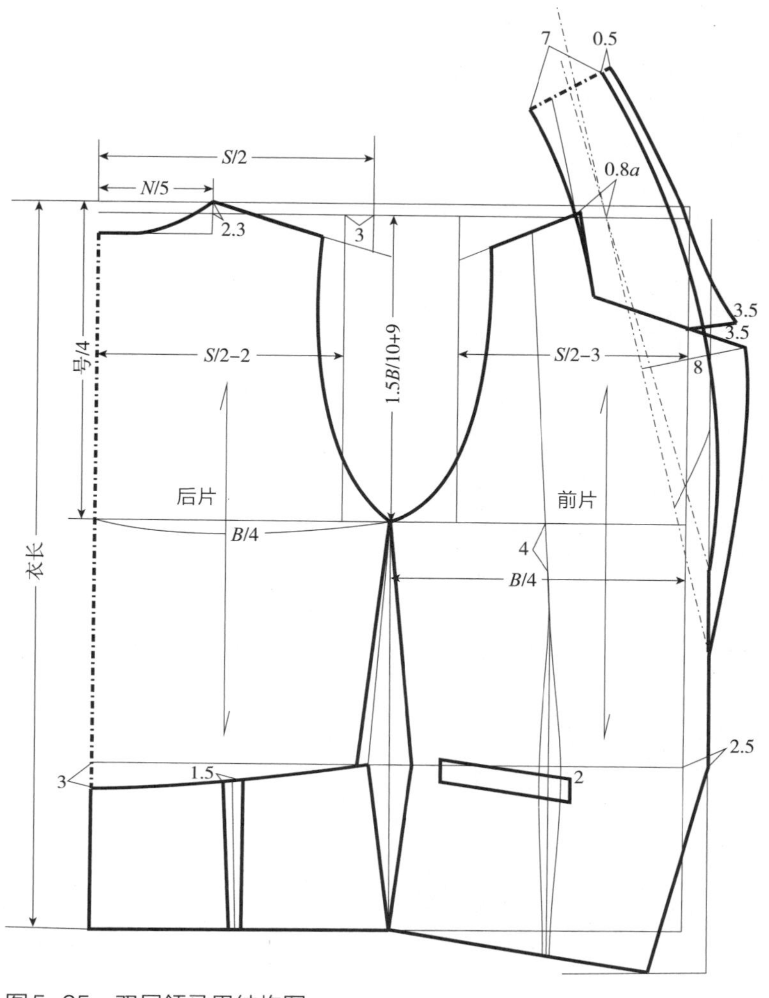

图5-25　双层领马甲结构图

· 根据款式先画出基本背心款式。

· 确定前片领宽与领深变化量。

· 根据体型及款式，设计衣身整体省道量。

· 根据服装特点，确定前片双层领的相关长度、宽度。

· 根据款式需要，确定口袋的规格和位置。

· 根据款式特点，完成后片结构，确定相关尺寸。

②丝绵连身袖衬衫制板：如图5-26、图5-27所示。

· 此款服装大体为立体裁剪制作。

· 根据款式，完成翻领制板。

· 根据衬衫款式加放前片搭门量，确定纽扣位置与大小。

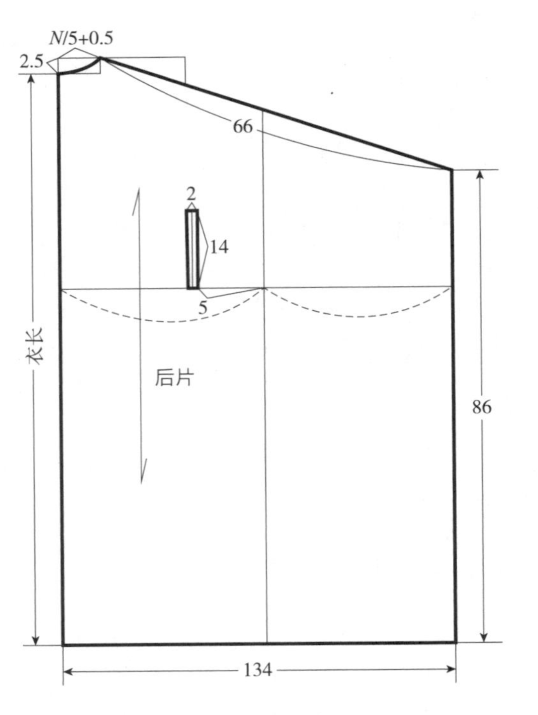

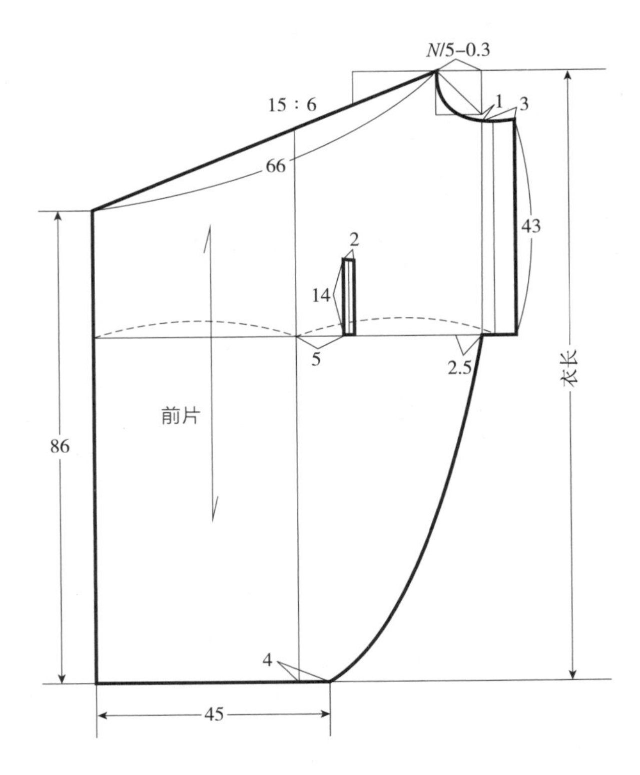

图5-26　丝绵连身袖衬衫立裁结构图

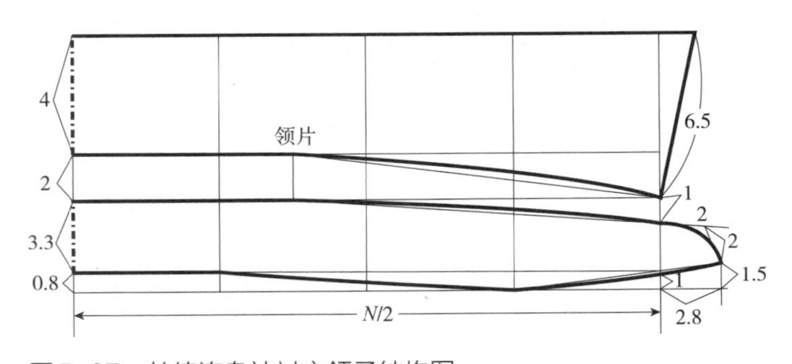

图5-27　丝绵连身袖衬衣领子结构图

③短裤制板：如图5-28所示。

· 根据裤子规格先画出基本型样板。

· 根据裤子款式图在基本裤型上画出裤子前后外轮廓线、内部结构分割线和省道。

④透明纱裙制板：如图5-29所示。

· 根据裙子规格先画出基本型样板。

· 根据裙子款式图在基本裙型上标记出裙摆开衩位置。

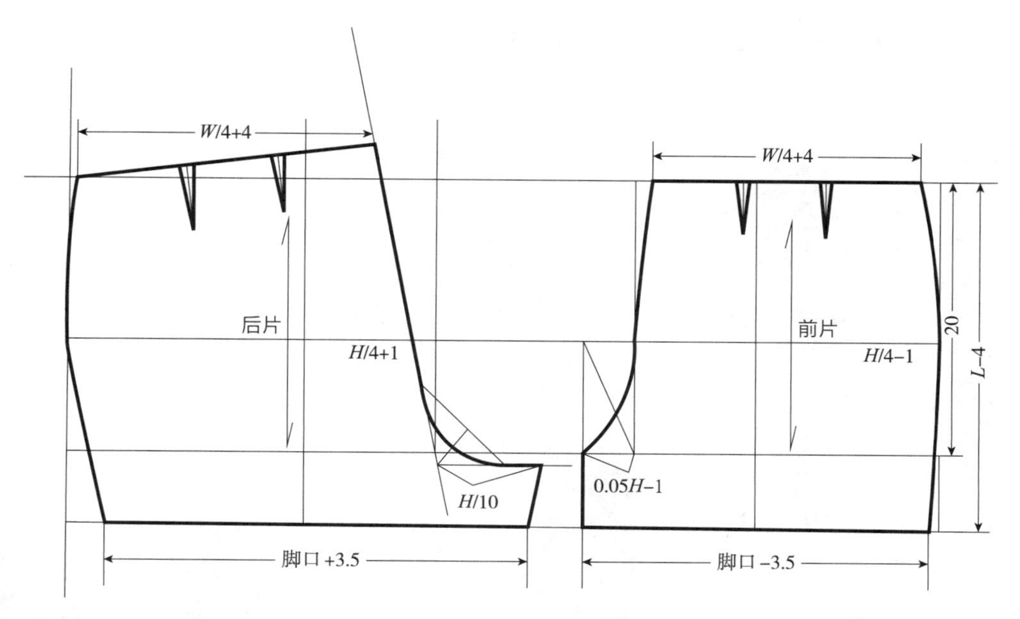

图5-28　短裤结构图

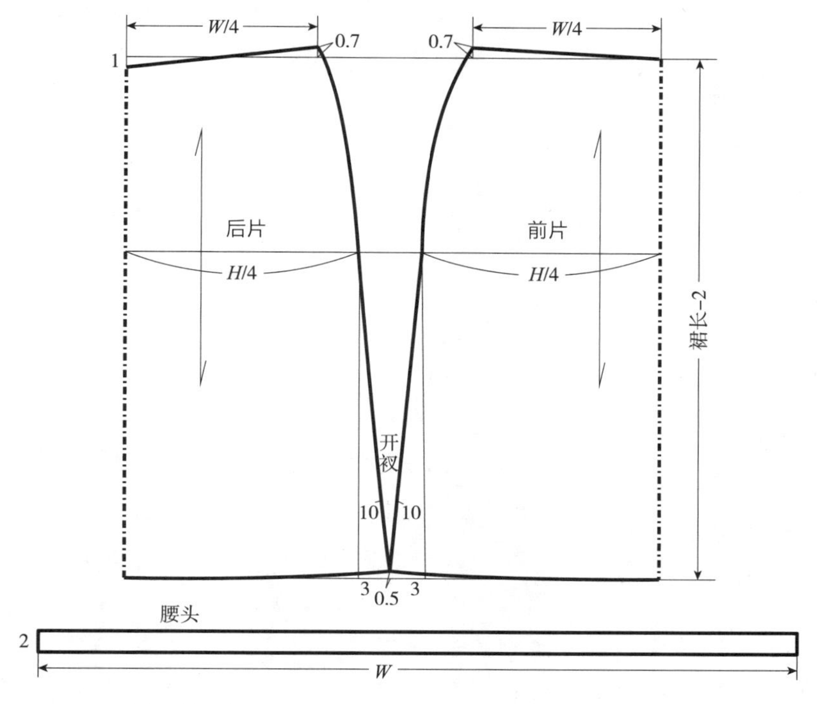

图5-29　透明纱裙结构图

案例二：女西服套装系列（图5-30）

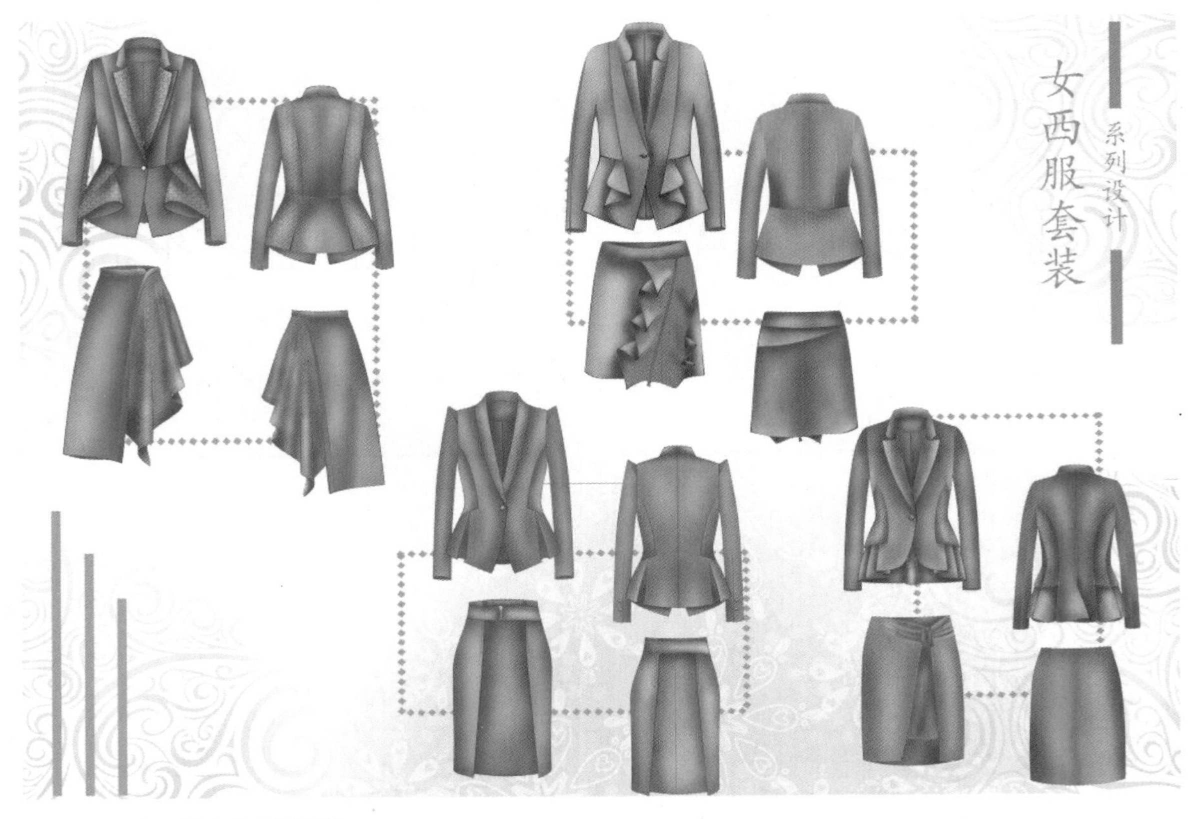

图5-30　女西服套装系列设计

款式一：镶拼领西服套装

（1）款式说明：镶拼领西服与荷叶边西服裙相结合，体现空间感和层叠感。领子部分与门襟为拼接式设计，腰部采用独特分割与荷叶边装饰、裙身设计相呼应，袖子采用连身袖结构，衣身底摆部分进行波浪褶设计，裙身部分的分割设计与荷叶边装饰呼应上装设计，贴合设计主题（图5-31、图5-32）。

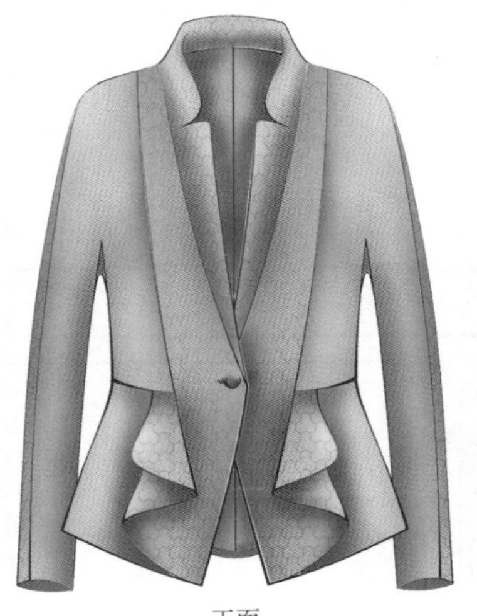

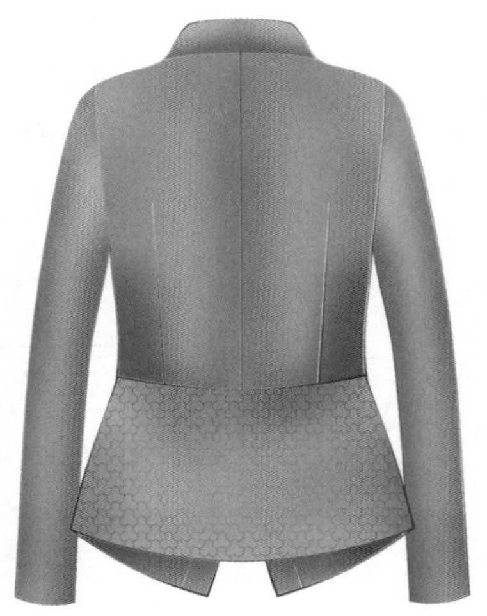

正面　　背面

图5-31　镶拼领西服款式图

（2）镶拼领西服套装成品规格：结合面料特性缩率和工艺耗损，设定衣长为62cm，胸围加放4cm，设定规格尺寸如表5-12所示。

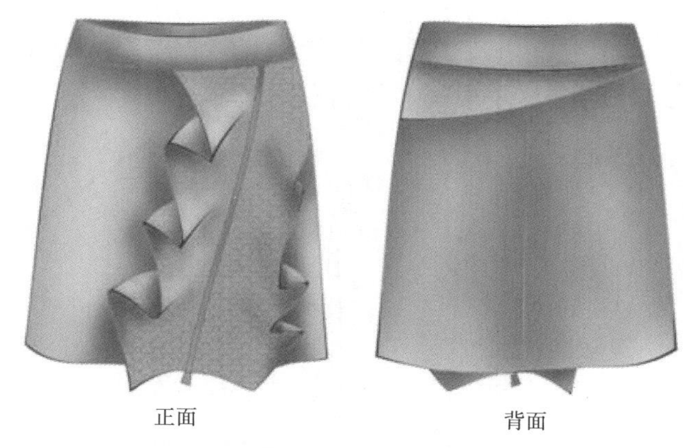

图5-32　荷叶边西服裙款式图

表5-12　镶拼领西服套装成品规格

单位：cm

号型	衣长	胸围（B）	肩宽（S）	领围（N）	袖长	袖口	裙长	臀围（H）	腰围（W）
160/84A	62	92	39	36	56	27	50	94	68

（3）镶拼领西服套装制板：如图5-33～图5-35。

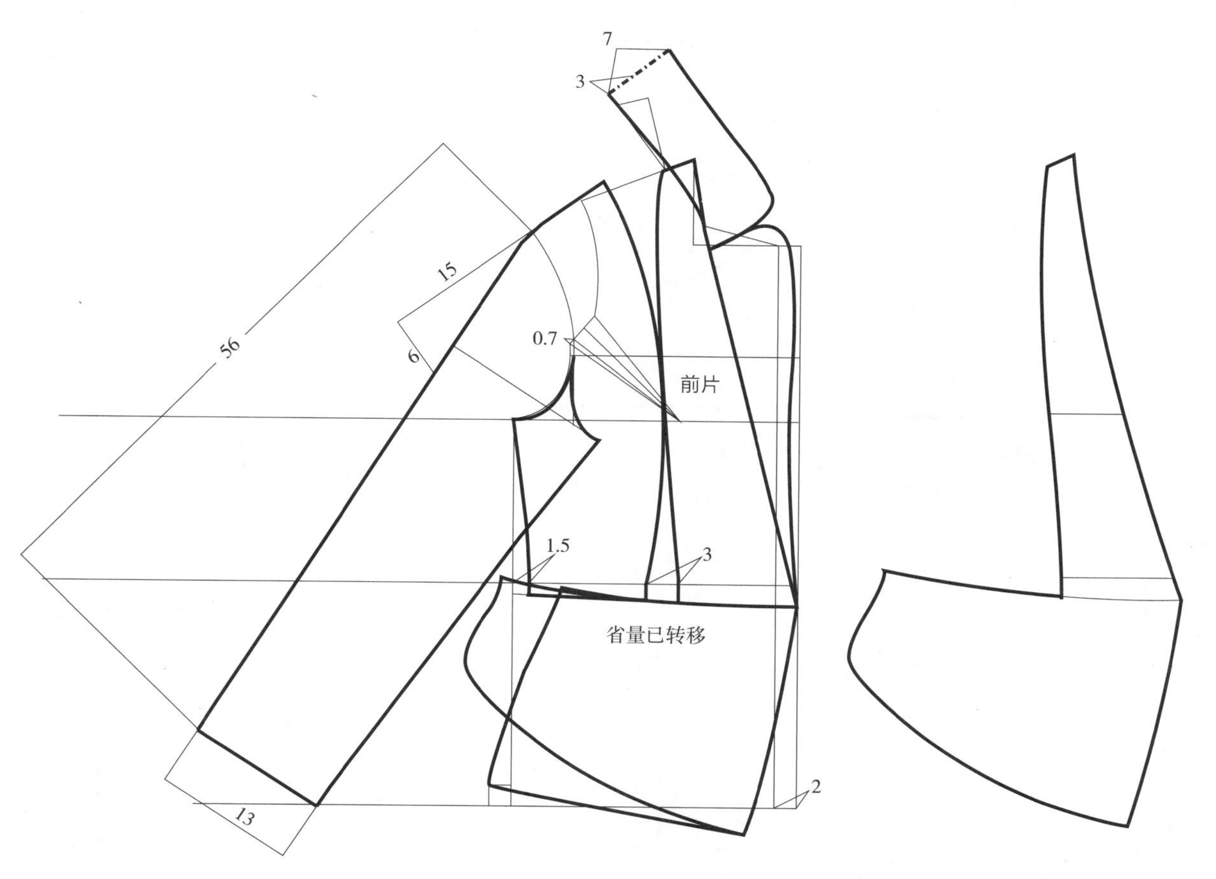

图5-33　镶拼领西服前衣片、袖片结构图

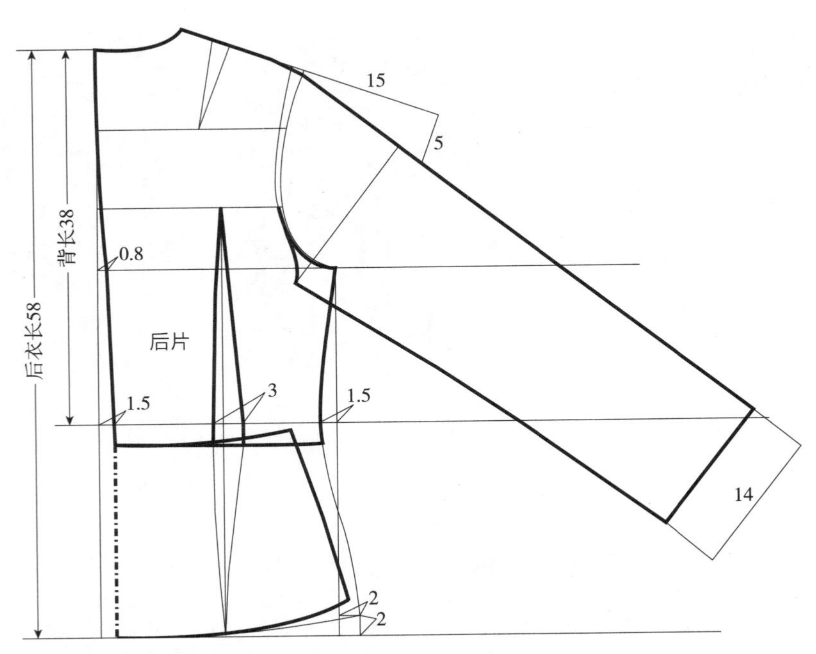

图5-34　镶拼领西服后衣片、袖片结构图

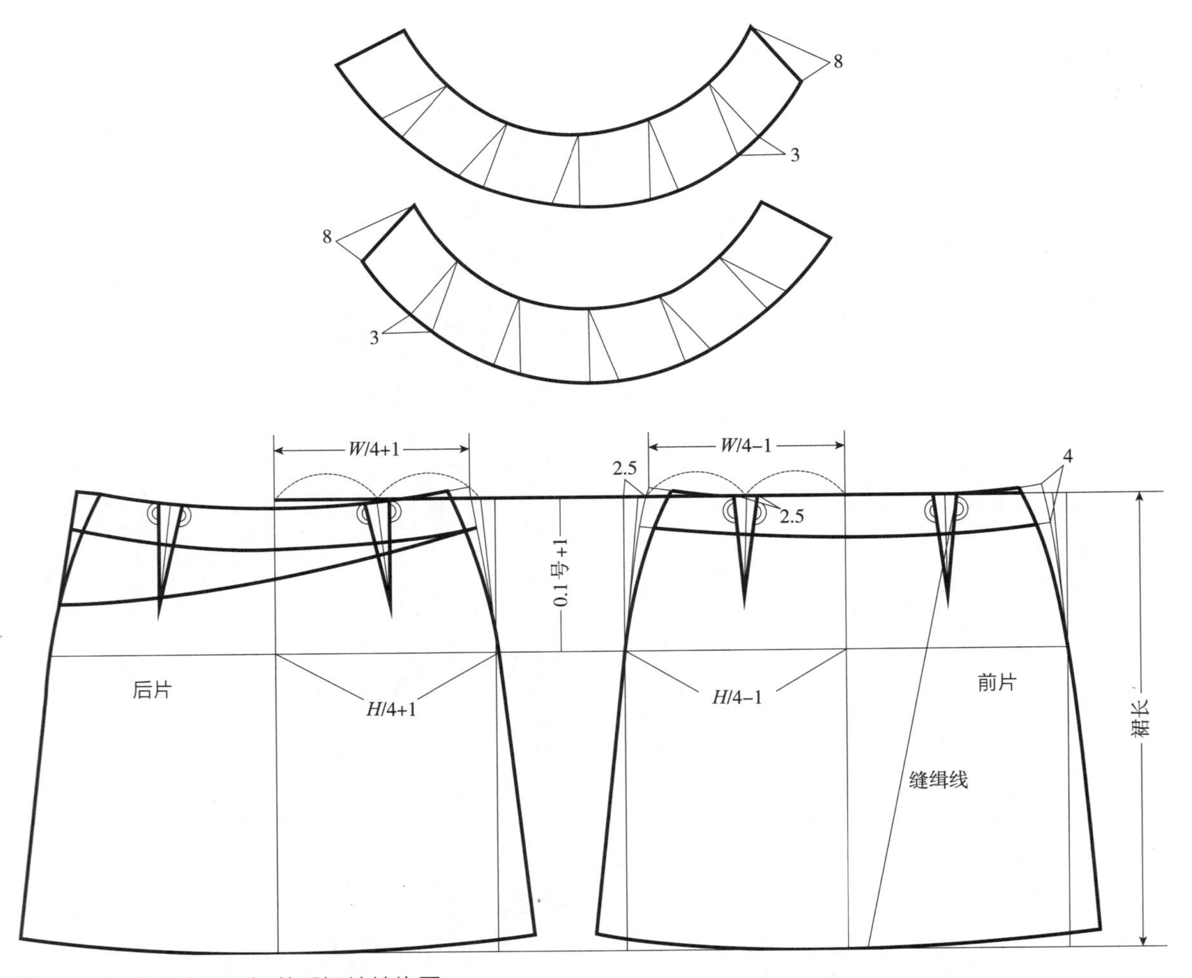

图5-35　荷叶边西服裙前后裙片结构图

款式二：青果领西服套装

（1）款式说明：青果领西服与分割式西服裙相结合，体现出线条感和流畅感。领子为青果领设计，腰部采用独特分割与暗裥装饰，与裙身设计相呼应，袖子采用袖山收省结构，衣身前、后片底摆部分设计暗裥，裙身部分进行分割与腰带设计（图5-36、图5-37）。

（2）青果领西服套装成品规格：结合面料特性缩率和工艺耗损，设定衣长为62cm，胸围加放4cm，设定规格尺寸如表5-13所示。

表5-13　青果领西服套装成品规格

单位：cm

号型	衣长	胸围（B）	肩宽（S）	领围（N）	袖长	袖口围	裙长	臀围（H）	腰围（W）
160/84A	62	92	39	36	58	26	55	94	68

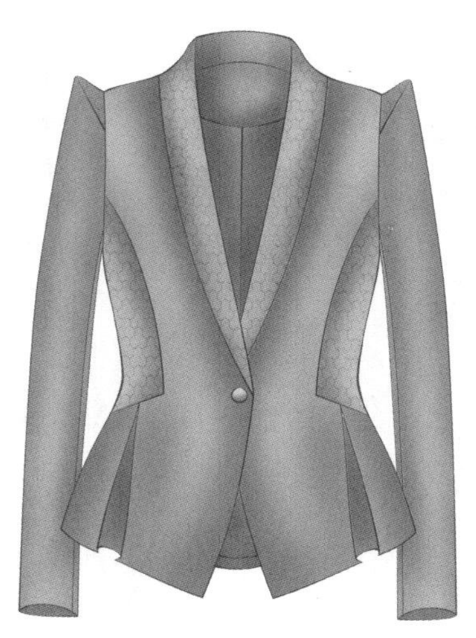

正面　　背面

图5-36　青果领西服款式图

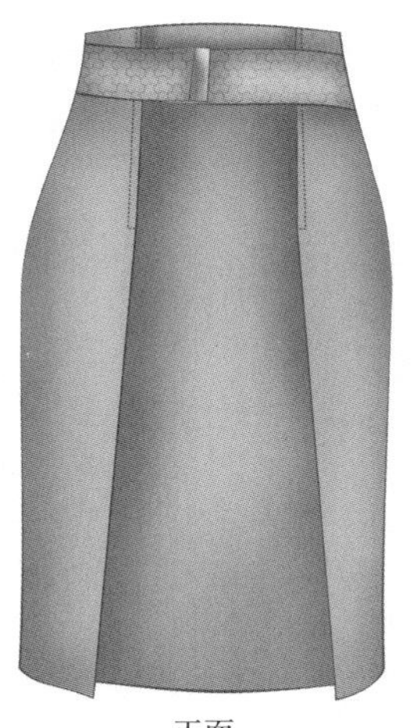

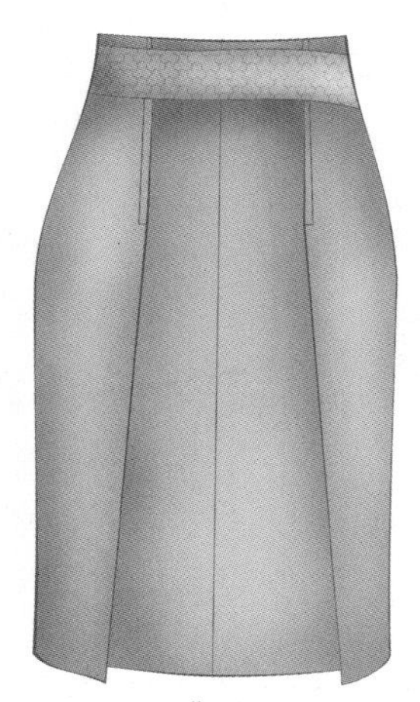

正面　　背面

图5-37　分割式西服裙款式图

（3）青果领西服套装制板：如图5-38～图5-40所示。

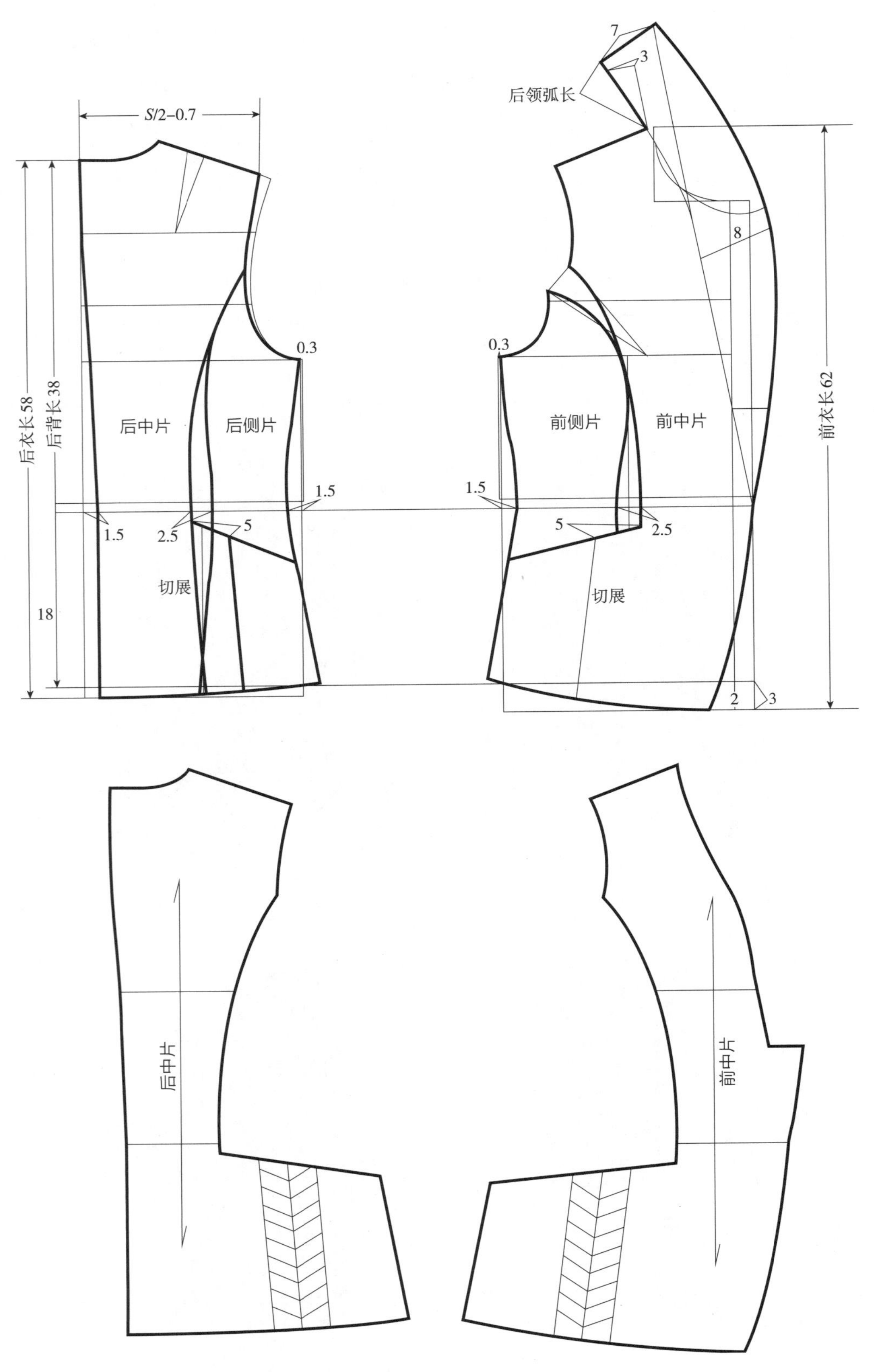

图5-38　青果领西服前后片结构图

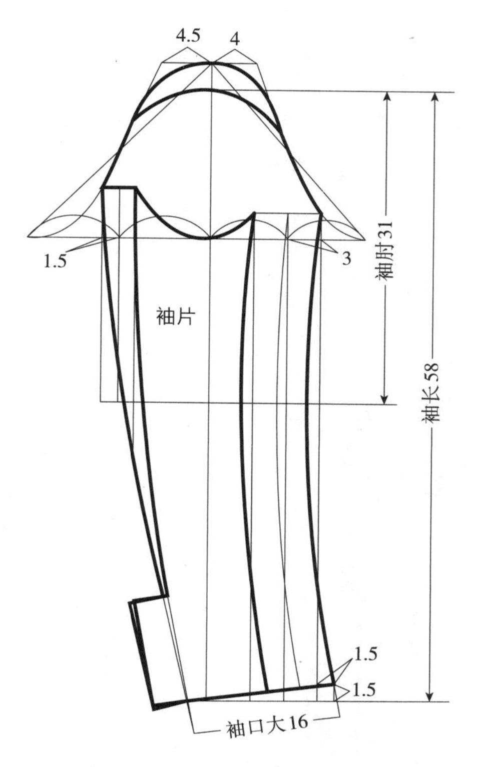

图5-39　青果领西服袖片结构图

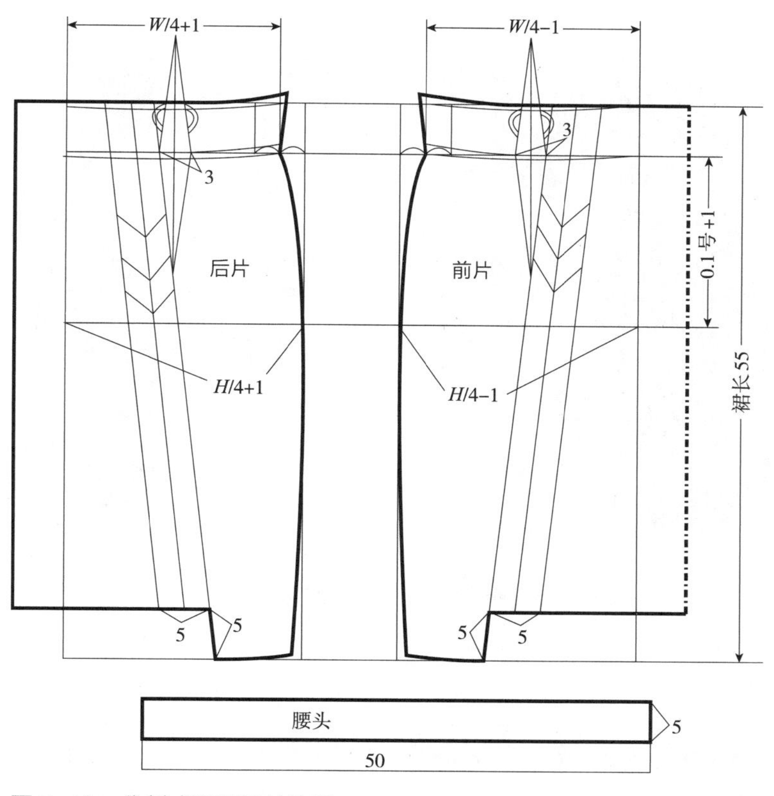

图5-40　分割式西服裙结构图

款式三：平驳领西服套装

（1）款式说明：平驳领西服与不对称中长裙相结合，体现出飘逸感和流线感。领子为不对称平驳领设计，腰部采用独特分割与卷式褶裥装饰，与裙身设计相呼应，袖子采用原装袖结构，衣身前、后片底摆部分进行双层交叉裥设计，裙身为分割不对称设计（图5-41、图5-42）。

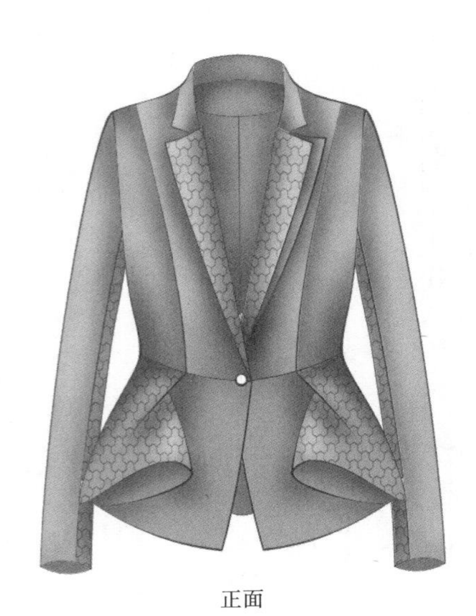

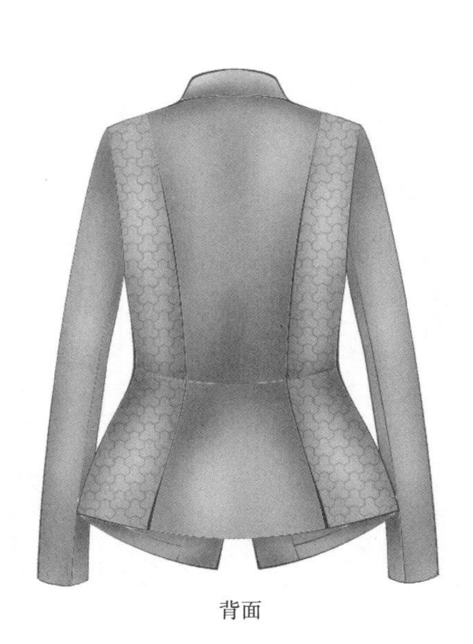

图5-41 平驳领西服款式图

图5-42 不对称中长裙款式图

（2）平驳领西服套装成品规格：结合面料特性缩率和工艺耗损，设定衣长为62cm，胸围加放4cm。,设定规格尺寸如表5-14所示。

表5-14　平驳领西服套装成品规格

单位：cm

号型	衣长	胸围（B）	肩宽（S）	领围（N）	袖长	袖口	裙长	臀围（H）	腰围（W）
160/84A	62	92	39	36	56	26	70	94	68

（3）平驳领西服套装制板：如图5-43～图5-45所示。

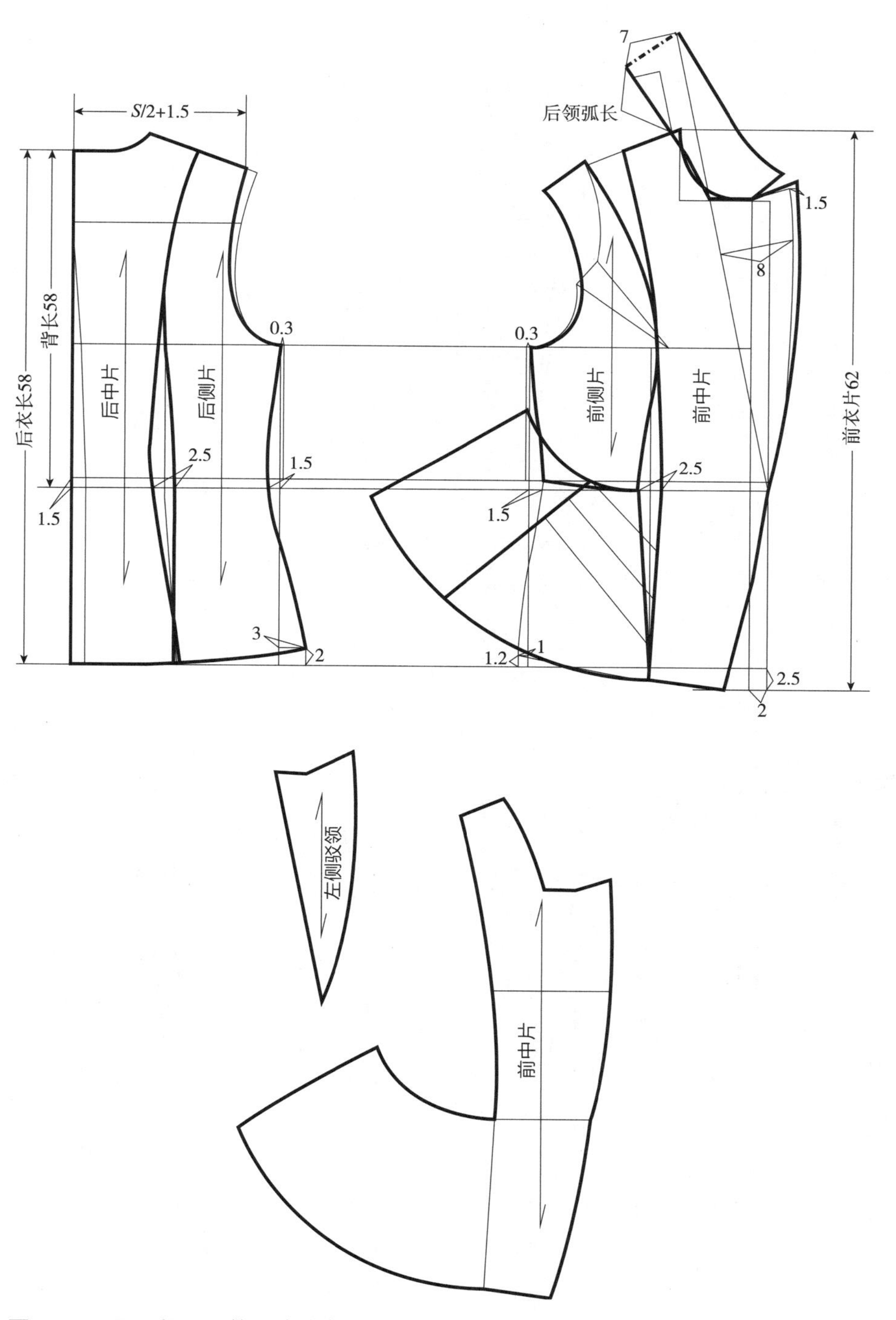

图5-43　平驳领西服前后片结构图

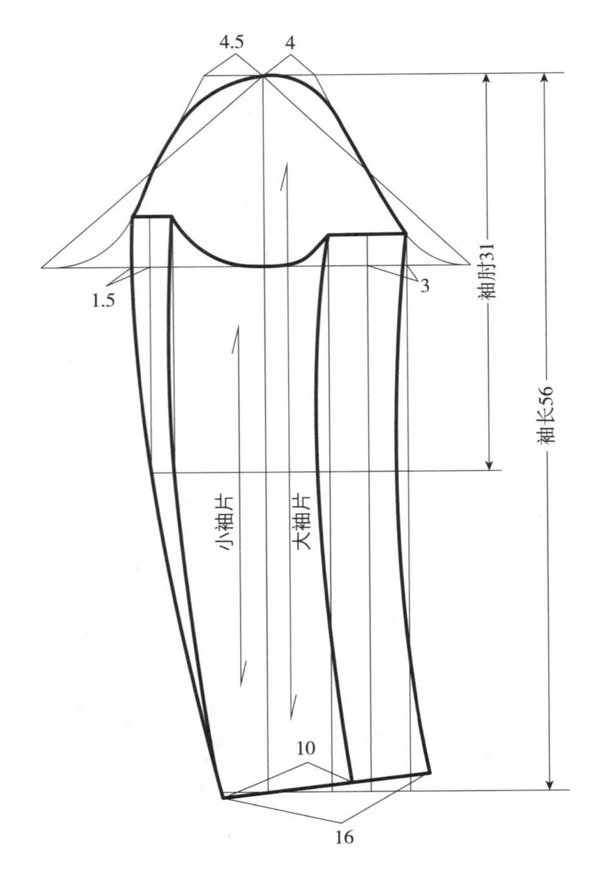

图5-44　平驳领西服袖片结构图

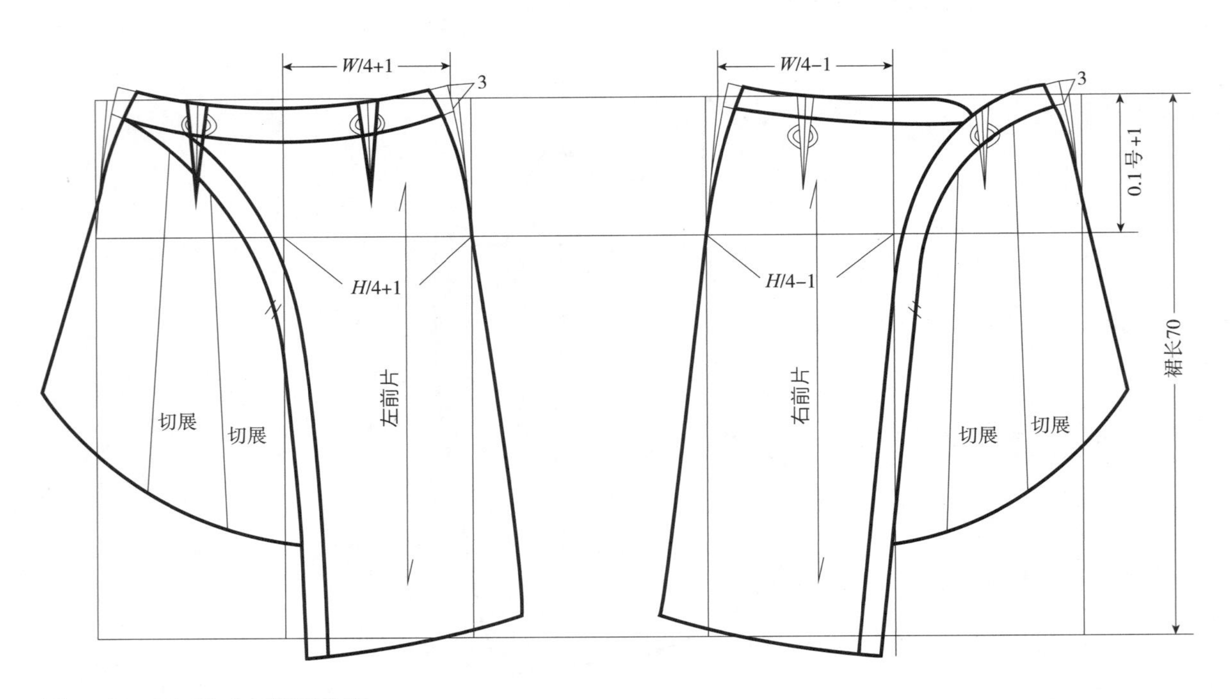

图5-45　不对称中长裙结构图

款式四：戗驳领西服套装

（1）款式说明：戗驳领西服与拼接式西服裙相结合，体现出层次感和干练感。领子为戗驳领设计，腰部采用弧形分割与明式褶裥装饰，袖子采用原装两片袖结构，衣身前、后片底摆部分进行多层次明裥设计，裙身为拼接式设计（图5-46、图5-47）。

正面

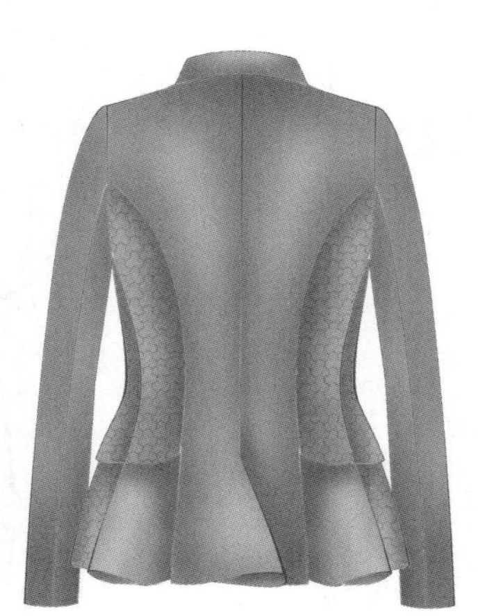
背面

图5-46　戗驳领西服款式图

正面

背面

图5-47　拼接式西服裙款式图

（2）戗驳领西服套装成品规格：结合面料特性缩率和工艺耗损，设定衣长为60cm，胸围加放4cm，设定规格尺寸如表5-15所示。

表5-15　戗驳领西服套装成品规格　　单位：cm

号型	衣长	胸围（*B*）	肩宽（*S*）	领围（*N*）	袖长	袖口围	裙长	臀围（*H*）	腰围（*W*）
160/84A	62	92	39	36	57	26	50	94	68

（3）戗驳领西服套装制板：如图5-48～图5-50所示。

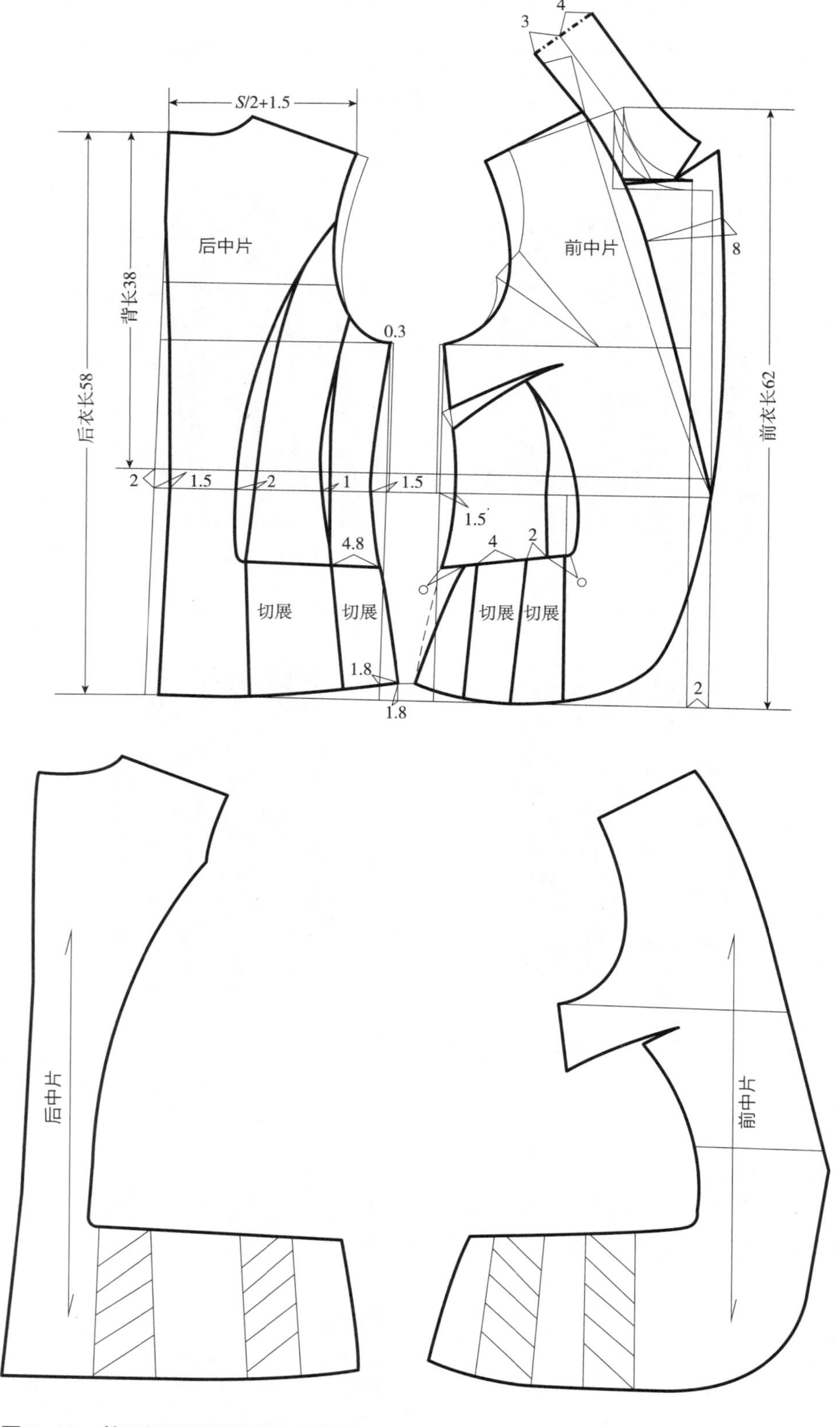

图5-48　戗驳领西服前后衣片结构图

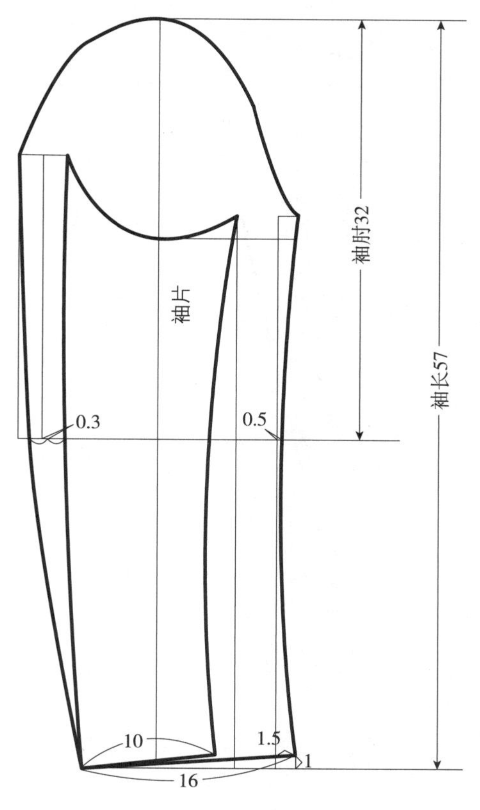

图5-49　戗驳领西服袖片结构图

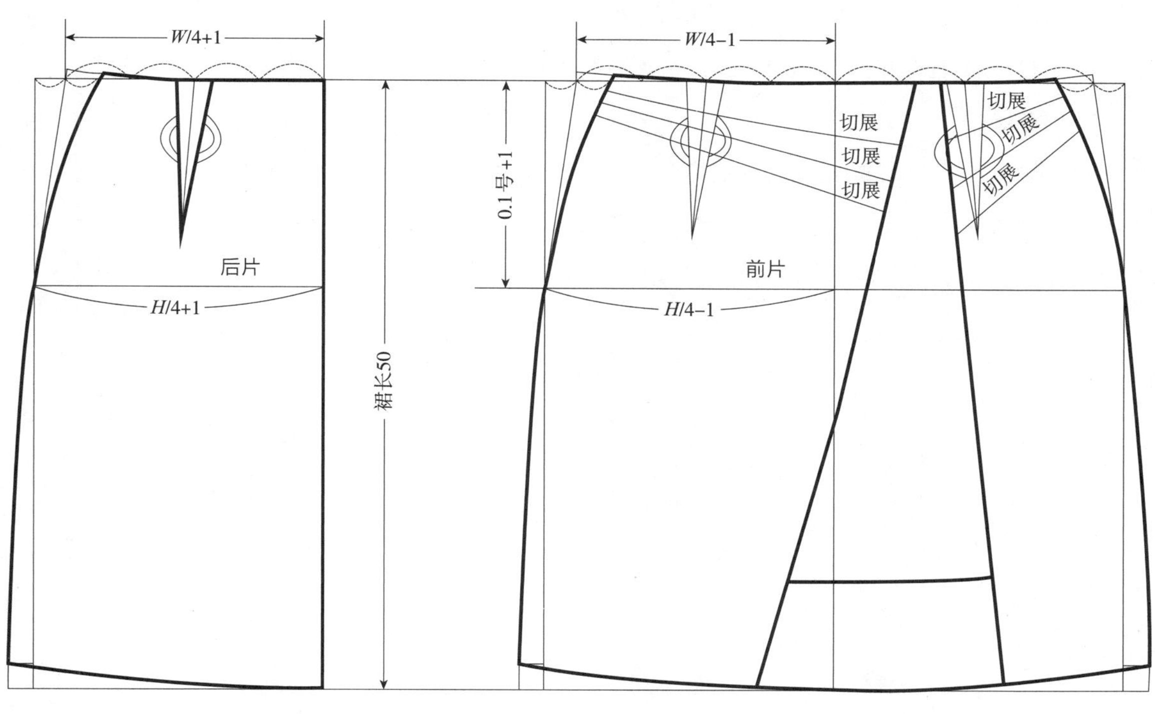

图5-50

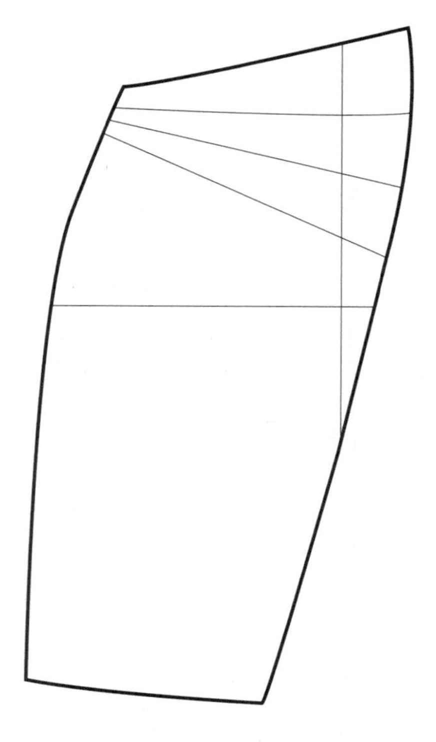
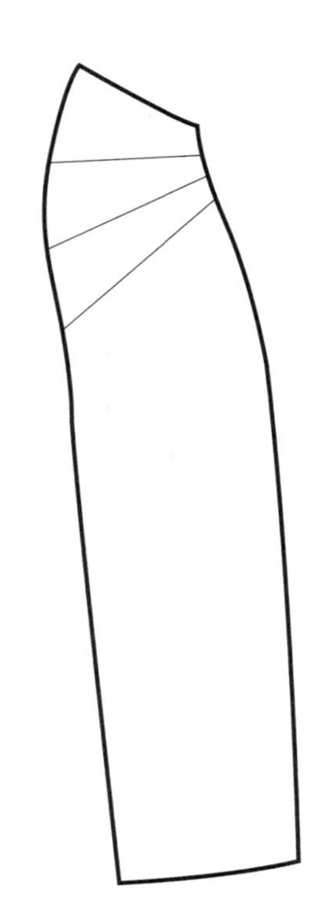

图5-50　拼接式西服裙结构图

思考与练习

1．手绘纸样设计，按1：3的比例绘制系列女装纸样。

2．CAD软件纸样设计，按1：1的比例绘制系列女装纸样。

制图要求：

（1）制图要符合款式图要求，结构合理，造型完美，符合人体活动规律。

（2）轮廓线清晰，线条流畅，局部结构与整体结构比例合理、协调。

（3）准确标明各部位数据和相关符号。

项目六

系列女装制作工艺

任务内容： 1. 系列职业女装制作工艺

2. 系列创意女装制作工艺

任务课时： 42课时

教学目的： 1. 掌握系列女装制作工艺流程。

2. 能举一反三，完成系列创意女装的制作。

3. 培养学生严谨、认真、精益求精的职业素养。

教学方式： 案例讲解、操作演示、小组讨论。

教学要求： 1. 混合式教学，引导自主学习。线上学习案例资源，线下实践。

2. 制订工作计划，分组工艺制作，完成系列服装样衣制作。

课前准备： 1. 学习操作案例，了解系列女装工艺操作流程与方法。

2. 准备工艺制作工具与材料。

任务一　系列职业女装制作工艺

系列女装的工艺设计与单套女装工艺设计的原则与方法类似，不同的是需综合考虑面、辅料的用量，排料时可根据材料品类综合排料。缝制工艺的设计在考虑系列服装各自特点的基础上，综合考虑人员与设备等条件。

系列职业女装工艺相似程度较高，容易做到举一反三，在学习的过程中，认真实践完成一个案例，其他的便迎刃而解了。当然，女装千变万化，每一件都有各自的特点与难点，多多实践，方能熟能生巧。

一、工艺分析

镶拼领西服与荷叶边西服裙成衣工艺如表6-1所示。

表6-1　镶拼领西服与荷叶边西服裙成衣工艺

典型款式	镶拼领西服与荷叶边西服裙
1. 款式特征 （1）镶拼领西服： ①前衣身：L型分割，前中底摆波浪形装饰，一粒扣 ②后衣身：腰线横向分割，设置腰省 ③衣领：立领，领前端接驳头，驳领，不翻折 ④衣袖：前袖为连身袖，腋下设置三角裆布；后袖为装袖 （2）荷叶边西服裙：小A短裙，合体弧形腰，前片波浪褶斜向装饰，后片不规则分割 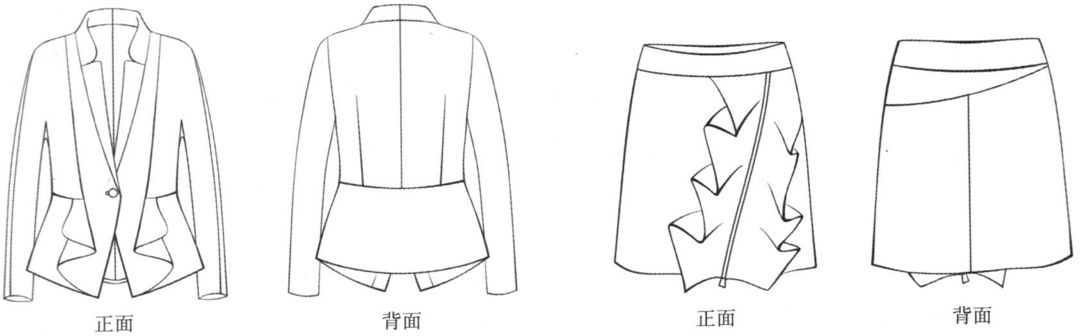 正面　背面　正面　背面	
2. 工艺要求 ①布料纱向正确，经纬纱垂平，达到丝绺平衡 ②缝份倒向合理，衣缝平整；毛边处理光净整洁，方法得当 ③针距为每3cm 14～15针，缉线要求宽窄一致，各类缝型正确，无断线、脱线、毛漏等不良现象 ④工艺细节处理得当，衣面与衣里缝线松紧适宜，层次关系清晰	
3.工艺流程 （1）镶拼领西服： ①缝制准备：裁剪面、辅料→前片、挂面、袖口、领面等部位黏合衬→归拔整形与前领口及门襟拉牵条 ②面料衣身制作：缝合衣摆圆角，修剪缝份后翻烫→缝腰部褶裥→拼缝腋下插角，缝合衣身前片与侧片→拼缝前下片，整烫前片→合缝（后腰省、后身中缝、后腰缝），整烫→绱后袖片→缝合肩袖缝，分缝烫	

续表

③里料衣身制作：拼缝挂面与里料前身及插片→缝合里料后身→拼合里料肩袖缝，熨烫→缝合门襟止口至绱领处，修剪，熨烫 ④做领与绱领：缝和领面、领里，修剪缝份、翻烫→绱领，翻烫绱领线 ⑤面料与里料的配合：缝合面料、里料侧缝，熨烫→在侧缝处固定面、里料→面里料袖口、底摆缝合 ⑥整烫与检验：完工整烫、锁扣眼、钉纽扣、修剪线头 （2）荷叶边西服裙： ①缝制准备：整理、裁剪面料、里料→裁剪并粘贴腰面、裙摆折边、波浪褶饰的黏合衬 ②裙子面料制作：缝合波浪褶饰边，修剪，翻烫→压缉缝波浪褶于前片→拼缝前腰面→拼缝后中缝、后腰育克，后腰面，熨烫 ③裙子里料缝制：拼合裙身里与前腰里 ④裙面与裙里的配合：合面、里侧缝，侧缝绱拉链→缝合腰头，腰头熨烫，腰头缉缝明线→固定里面侧缝→底摆里折边缝，底摆面手工缲缝 ⑤整烫与检验：整烫、整理、检验

二、裁剪要点

1. 裁剪准备

裁剪前熨平面料、里料，主要是为了预缩和校正布纹，但不能损坏面料原有的手感和观感。

（1）预缩：织物在织造过程中会产生拉长变形，在制作中又往往会因湿气和高温而回缩。因此，先进行面料收缩，使其尺寸保持稳定状态，这称之为预缩。遇到羊毛织物时，要用蒸汽熨斗无遗漏地熨烫，生产企业也有使用专用的预缩机进行预缩。

（2）调整布纹：为防止衣服制成之后出现偏歪走形，要将已经歪斜纬纱调整为与经纱成直角的状态，这称为调整布纹。布边有牵吊时，要斜向剪口，拽拽面料，使纬纱变水平，然后用蒸汽熨斗烫平整。

（3）排料：把系列服装中相同面料的纸样描在面料上。先从面积大的部件开始沿经纱方向摆放，面积小的部件插放其间。对于有毛绒方向或反光的面料要保持裁片方向的一致性，以免造成色差。

2. 划样和裁剪

（1）划样：排料结束后，要清点样板的数量并在样板上划样,要求粉印薄一些。

（2）裁剪：划样完毕，即可用剪刀沿面料上的粉印进行裁剪。对首次接触裁剪的人来说，要注意以下几点：

①剪刀刀口要锋利、清洁。

②裁剪台保持平整。

③裁剪操作时，左右手要相互配合。

④裁剪应严格按照划粉线进行，要求刀路顺直流畅（图6-1）。

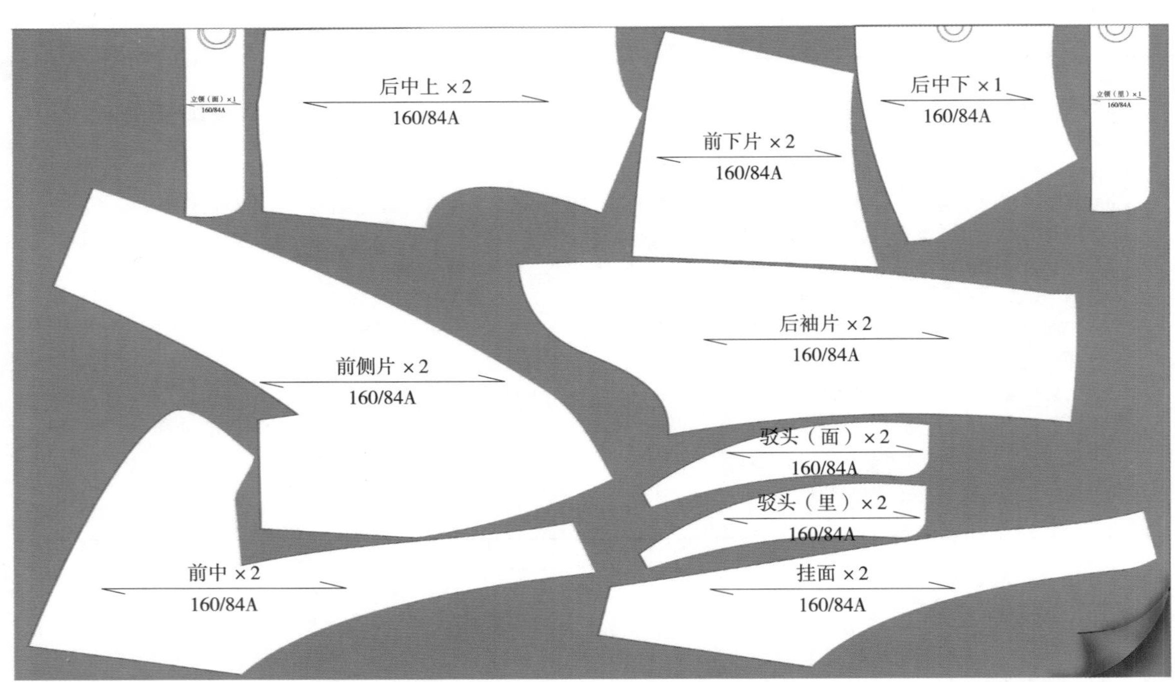

图6-1　镶拼领西服裁剪图（幅宽140cm布边对折铺料）

◆知识加油站1：排料

排料是裁剪的基础，它决定着每片样板的位置及使用面料的多少。排料前必须对款式的设计要求和缝制工艺了解清楚，其次对所要缝制的面料性能有足够的认识，在进行排料前要确认以下几点：

（1）先要对面料进行预缩和整理。

（2）确认面料的正反面。

（3）确定面料的铺设方式：单件服装的裁剪不同于批量生产的服装裁剪，在排料前要确定面料的铺设方式。面料的铺设方式应根据其门幅的宽度、样板的形状和面料的特点来决定。

排料对服装材料的消耗、裁剪的难易、服装的质量都有直接影响，是一项技术性很强的工艺操作。排料时应注意以下原则：

（1）保证设计要求：这一原则主要用于花型面料的排料。当设计的服装款式对面料的花型有一定的要求时（如对花、对条格等），排料的样板便不能随意放置，必须保证排出的衣片在缝制后达到设计要求。

（2）符合工艺要求：服装进行工艺设计时，对衣片的对称性、对位标记、裁剪设备的活动范围、面料的方向性等都有严格的规定，一定要按照要求准确排料，避免不必要的损失。

①衣片的对称：服装上许多衣片具有对称性，如上衣的大身、裤子的前片等，一般是左右对称的两片。在制作样板时，这些对称衣片通常只绘制出一片样板。排料时要特别注意将样板正、反各排一次，使裁出的衣片一左一右，避免出现“一顺”现象。另外，对称衣片的样板要

注意避免漏排。

②适当的标记：在排料图上，每一块样板都应标有其所属服装的尺码、款号，还要有样板名称和对位刀眼、丝绺方向等记号。

③裁剪设备的活动范围：排料时应注意，样板间要留有适当的位置让裁刀顺利地裁割弯位和角位，否则易导致衣片尺寸不正确。

④面料的方向性：

A. 面料的经向和纬向：许多面料的经、纬纱向的性能有所不同，通常，沿经向拉伸变形小，而沿纬向拉伸变形较大。不同服装款式在用料上根据设计标注有直料、横料及斜料之分。因此，在服装样板上，各衣片一定要注明经纱方向，使排料人员有明确的技术依据。

B. 面料的表面状态：有的面料沿经向或沿纬向，其表面状态具有不同的特征和规律。

毛绒面料：沿经纱方向毛绒的排列具有方向性，即所谓的“倒顺毛”。从不同角度观看时，其色泽、光亮程度以及手感都不同，在排料时要保证排出的各衣片绒毛方向一致。

条格面料：从不同方向观看该类织物，其条格排列及布局会有一定差别，排料时必须考虑款式设计的要求。

图案面料：有些面料的图案具有方向性，如花草、树木、动物、建筑物等。排料时若不注意其方向性，有可能出现动物、建筑物等上下倒置现象，或出现两个前片图案方向一致，但与后片的方向不一致等疵病。

（3）遵循节约要求：服装的成本很大程度上取决于面料的用量多少。所以，在保证设计和工艺要求的前提下，尽量减少面料的用量是排料时应遵循的重要原则。多年来，服装企业已总结出一套行之有效的经验：“先大后小、紧密套排、缺口合并、大小搭配”。

此外，排料时也应注意：

①排料图总宽度比下布边进1cm，比上布边进1.5～2cm为宜，以防止排出的裁剪图比面料宽，同时，可避免由于布边太厚而造成裁出的衣片不准确。

②对于有明显质量问题的面料，如色差、疵点、污渍等，在排料时应适当调整纸样，尽量使疵点等不足之处排在次要部位。对色差明显的面料则应在排料时巧妙处理。尽量使相互缝合的部位排在色差等级相近的部位，如前裤片的裆部与侧缝处，相拼接的部位尽量排列一致，以免缝合后增强色差的对比，同时还要注意零部件与大身衣片就近排列，以减少色差等级。

③排料后应复查每片衣片是否都注明规格、经纱方向、剪口及钉眼等工艺标记。以上是服装在排料时应注意的一些事项和原则，只有遵循这些基本原则，才能在符合要求的基础上，最经济地使用面料，以达到降低产品成本的目的。

三、缝制方法要点

缝制前先整理出缝制顺序，以提高工作效率，可根据表6–2、表6–3中所列的步骤进行操作。

表6-2　镶拼领西服制作工序

序号	工序	制作内容	参照图或视频及操作要点说明
1	准备工序	裁剪面料	裁剪前进行预缩，使尺寸保持稳定状态 羊毛织物要用熨斗无遗漏地熨烫 面料正面相对折叠，排好样板，先摆放大片，小片插放其间，注意面料丝绺方向，裁剪时注意防止面料错位
		裁剪里料	裁剪前熨烫，整理里料布纹，排列纸样，注意防止上下层错位，去掉挂面配里料前片，里料缝份应大于面料0.5cm
		裁剪并粘贴前片、挂面、袖口、领面等部位黏合衬。贴衬后画出净样线、标志位置 （安装“学习通”App，扫码查看具体操作过程） 缝制准备~1.mp4 35.8MB 扫描二维码，查看分享内容	衬的纱向：基本上与面料的经纱方向一致 衬的缝份：比面料稍微小一些，从外层看，不能露出来 贴衬部位如下图： 
		归拔整形	归拢后身肩线，后身中线归烫成直线
		拉嵌条	门襟止口拉嵌条，注意胸部及底摆转角处略收紧
		准备缝制所使用的小物品及用具	准备好线、卷尺、纽扣、手针（5#、6#）、机针（11#）等必要工具
2	面料前身制作	缝合衣摆圆角，修剪缝份后翻烫	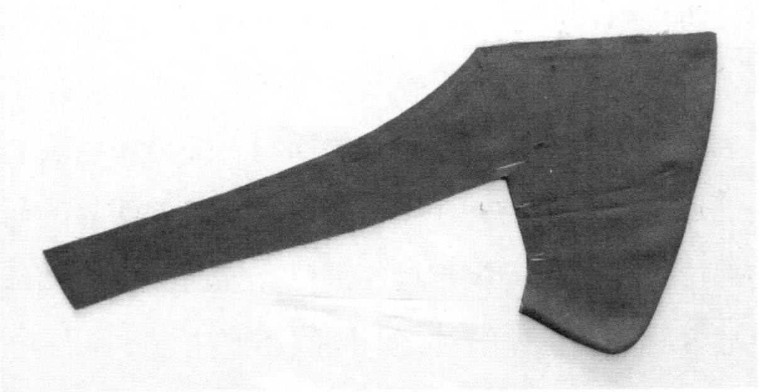
		缝腰部褶裥，注意对位	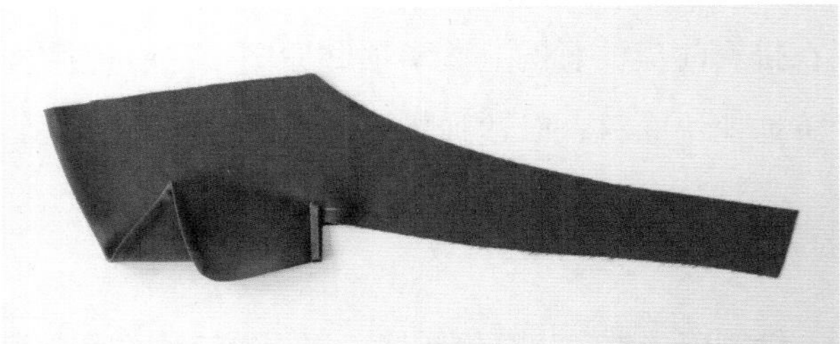

续表

序号	工序	制作内容	参照图或视频及操作要点说明
2	面料前身制作	拼缝腋下插角，缝合衣身前片与侧片，L型拐角处由于面料层数较多，直接转角缝不易对位，拐角处打剪口，分两步缉缝（详见视频）	
		拼缝前下片，整烫前片 衣身面料缝制~1.mp4 71.0MB 扫描二维码，查看分享内容	
3	面料后身制作	缝合后腰省，后身中缝，后腰缝，并整烫	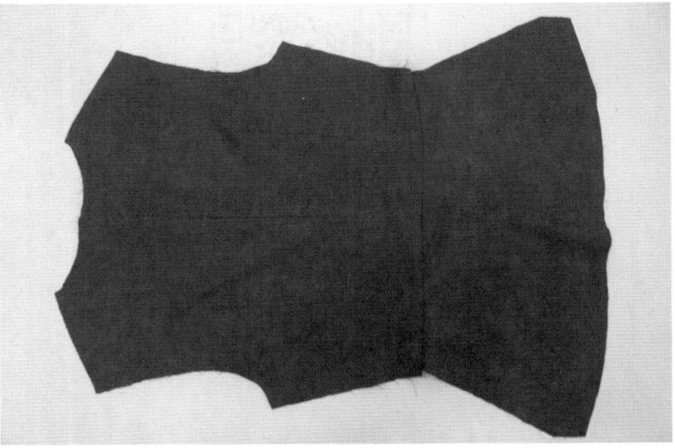
		处理后袖山吃缝量，绱后袖片	

续表

序号	工序	制作内容	参照图或视频及操作要点说明
3	面料后身制作	缝合肩袖缝，分缝烫	由于前后袖的丝绺不一致，前袖片斜丝绺易变形，缝合时，对准定位点，手针粗缝固定，再用薄硬纸剪长条形，然后把它放在压脚下靠近机针边辅助机缝，避免斜料拉长
4	衣身里料缝制	拼缝挂面与里料前身及插片 衣身里料缝制~1.mp4 74.7MB 扫描二维码，查看分享内容	
		缝合里料后身，倒缝熨烫，注意留出坐势	拼缝流程同后衣身面料，详见制作视频
		缝合里料肩袖缝，熨烫	同衣身面料
5	领子制作与安装	缝合门襟止口至绱领处，修剪，熨烫 做领、绱领~1.mp4 110.1MB 扫描二维码，查看分享内容	
		缝和领面、领里，修剪缝份、翻烫	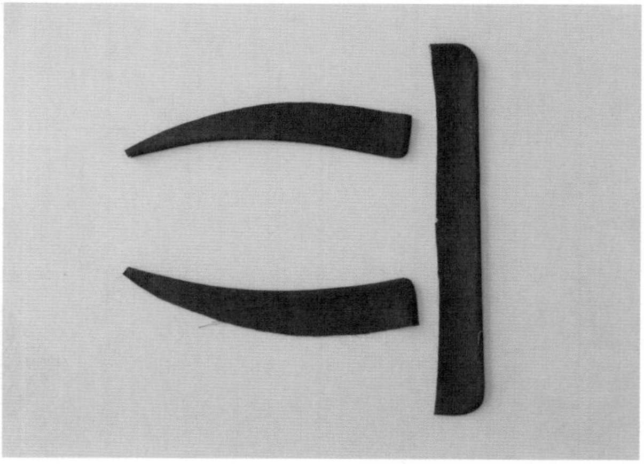
		绱领，翻烫绱领线	同立领的绱法，详见缝制视频

续表

序号	工序	制作内容	参照图或视频及操作要点说明
6	面料与里料的配合	缝合面料、里料侧缝，熨烫	详见缝制视频
		在侧缝处固定面、里料	在侧缝处，对准里、面料缝份，手针固定
		面、里料袖口、底摆缝合	对准袖缝线，缝合袖口面里料，里料略松，然后三角针固定袖口和底摆面料折边。详见视频
7	整烫、检验	整烫、整理	详见视频
		着装检验（是否表现出了设计意图和造型，是否合体并确保运动松量） 面、里料配合~1.mp4 61.0MB 扫描二维码，查看分享内容	

表6-3　荷叶边西服裙制作工序

序号	工序	制作内容	参照图或视频及操作要点说明
1	准备工序	整理面料，裁剪面料、里料 裁剪并粘贴腰头面、裙摆折边、波浪褶饰的黏合衬	
2	裙子面料制作	缝合波浪褶饰边，修剪，翻烫	

续表

序号	工序	制作内容	参照图或视频及操作要点说明
2	裙子面料制作	将波浪褶缉缝于前片	
		拼缝后中缝、后腰育克，熨烫	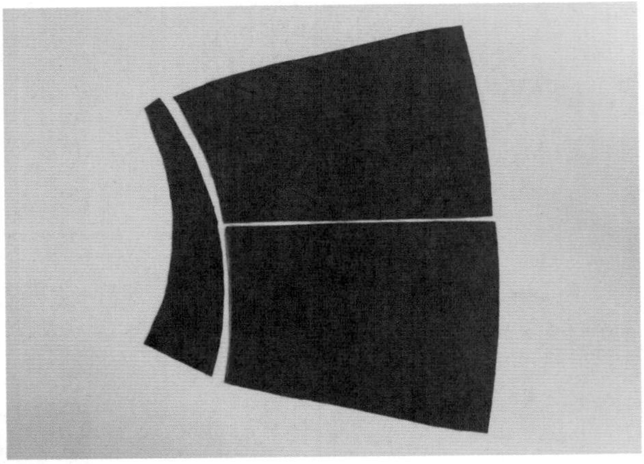
3	裙子里料缝制	拼合裙身里与前腰里	由于裙后身里子工艺设计为不做育克分割处理，因而腰口含有少许省量，此处与腰头拼缝时，做吃缝处理
4	裙面与裙里的配合	合面、里侧缝，侧缝绱拉链 留出拉链位置，注意面、里料拉链位置匹配	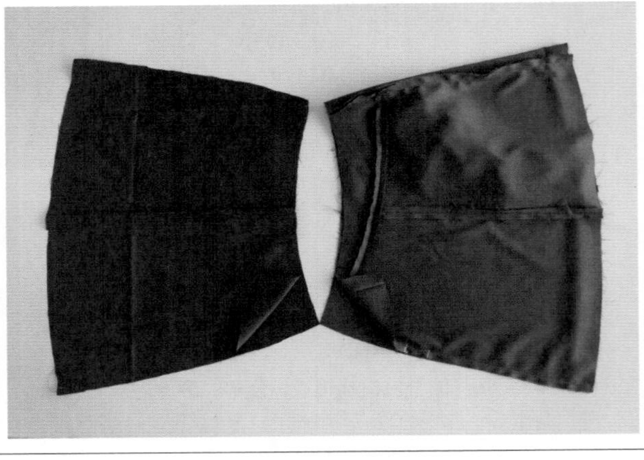
		固定里面侧缝	在侧缝处，对准里、面料缝份，手针固定。详见缝制视频
5	做腰、绱腰	缝合腰头、腰头熨烫、腰头缉缝明线、绱腰	腰头缉明线时注意，吐止口0.1cm，详见缝制视频

续表

序号	工序	制作内容	参照图或视频及操作要点说明
6	扣底摆	底摆里折边缝	
		底摆面手工缲缝	三角针缲缝底摆折边
7	整烫与检验	整烫、整理 荷叶边短裙制作.mp4 265.0MB 扫描二维码，查看分享内容	
		着装检验	检验是否表现出了设计意图和造型，是否合体并确保运动松量；缝制工艺符合要求，熨烫平整

◆**知识加油站2：女装工序分析**

1. 工序

工序是构成作业系列分工的单元，是生产过程的基本环节，是工艺过程的组成部分。通常一名操作工人接受生产的范围可以作为一个工序单元。

2. 工序分析

在服装生产活动中，工序分析是指各种服装面、辅料从仓库取出后，根据对各工序条件和组合过程的分析、控制，施行各种加工使之成为产品，提高工序流程的效率。在实际生产中，从投料到成衣可分为加工、检验、搬运、停滞四个过程，通过科学的工序流程分析研究，能够制定合理的工序改进方案。

3. 工序分析的目的和作用

（1）明确工序的顺序（能编制工序一览表）。

（2）明确加工方法（能明确成品规格及其质量特征）。

（3）能按工序单元进行改进（与其他标准作比较）。

（4）能作为作业动作改进的基础资料（选择进一步改进的重点）。

（5）能作为生产设计的基础资料（工序编排、机台布置、人员调配）。

（6）能作为工序管理的基础资料（工时数计划、交货日期）。

（7）能作为作业工人或外加工的作业标准指导书。

4. 女装基础产品工序流程分析

分析从衣片部件到组装成服装产品的整个生产工序流程，一目了然地表达作业顺序，使用机器或工具、加工时间等，这些可称为产品工序流程分析。

（1）工序流程分析的用途：

①可作为生产计划（作业安排、机器配置等）的资料。②作为本厂与其他工厂加工时间比较评定的基础资料，了解本厂生产能力，拟定今后的目标等。③作为设备合理化改进的资料。④便于作业人员了解产品的整个生产过程，明确自己承担的工作内容。⑤可用于工资核算的基础资料。

（2）女装基础产品工序流程（图6-2 ~ 图6-5、表6-4~ 表6-7）：

图6-2　女衬衫款式图

表6-4　女衬衫缝制工序

编号	工序	作业内容
1	准备工序	裁剪领面、领里 裁剪口袋 黏挂面衬 整理缝份(包缝加工) 缝袖山吃缝量
2	做衣身	①缝腋下省 ②缝腰省 ③加工门襟贴边 ④缝侧缝、肩缝 ⑤底摆的处理
3	做领子、绱领子	⑥缝领外口、翻领子 ⑦做领子、准备绱领子 ⑧绱领子 ⑨处理领口缝份及斜条布
4	做袖子、绱袖子	⑩缝袖下缝 ⑪加工袖口、准备绱袖 ⑫绱袖 ⑬整理袖子吃缝量
5	整理	⑭锁扣眼 ⑮钉扣 ⑯用熨斗整型

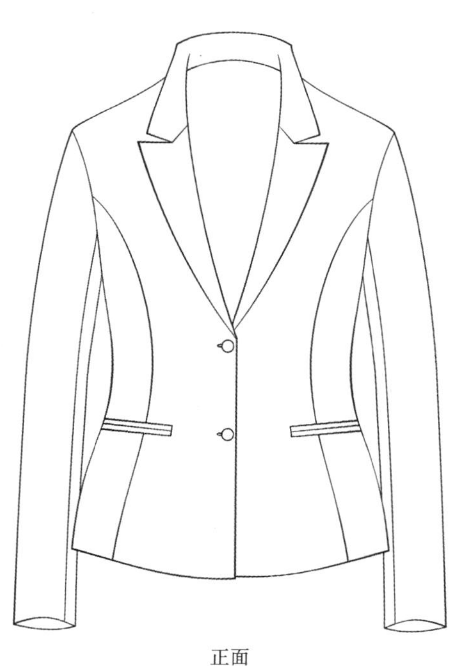

正面

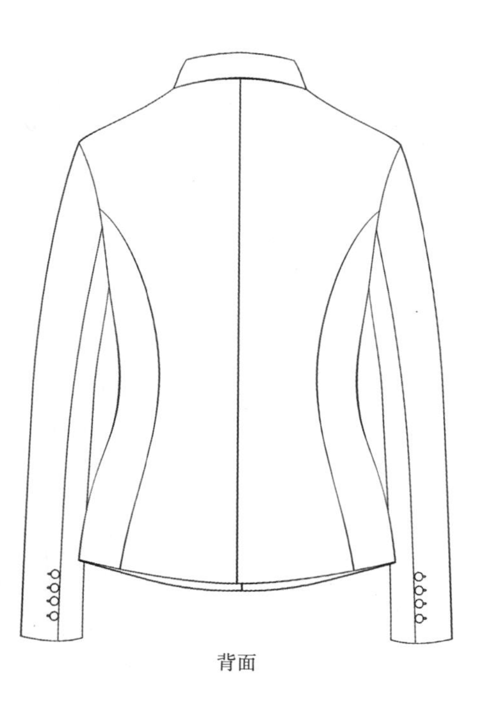

背面

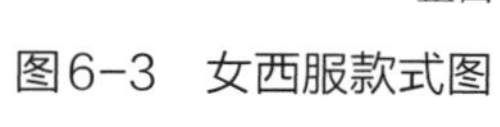

图6-3　女西服款式图

表6-5　女西服缝制工序

编号	工序	作业内容
1	准备工序	贴粘合衬、驳口线里侧粘牵条 折烫口袋嵌条，扣烫衣身下摆、袖口折边
2	面料衣身的缝制	①缝前片分割线 ②缝制嵌线口袋 ③缝后片分割线 ④缝合后中心线 ⑤缝合侧缝与肩线
3	领子的制作与安装	⑥缝制领底，绱领底 ⑦缝合挂面与领面 ⑧缝合止口与领外口，翻出正面，整理反吐量
4	里料衣身缝制	⑨缝合里料衣身 ⑩缝合挂面与里料前身 ⑪缝合侧缝 ⑫处理里料衣身与下摆
5	缝袖、绱袖、缝衣身	⑬做袖衩，缝合袖面 ⑭缝合袖里 ⑮袖面与袖里的内部叠缝 ⑯吃缝袖山，绱袖 ⑰袖窿内部叠缝，处理里料袖山
6	整理	⑱锁扣眼 ⑲整烫 ⑳钉扣

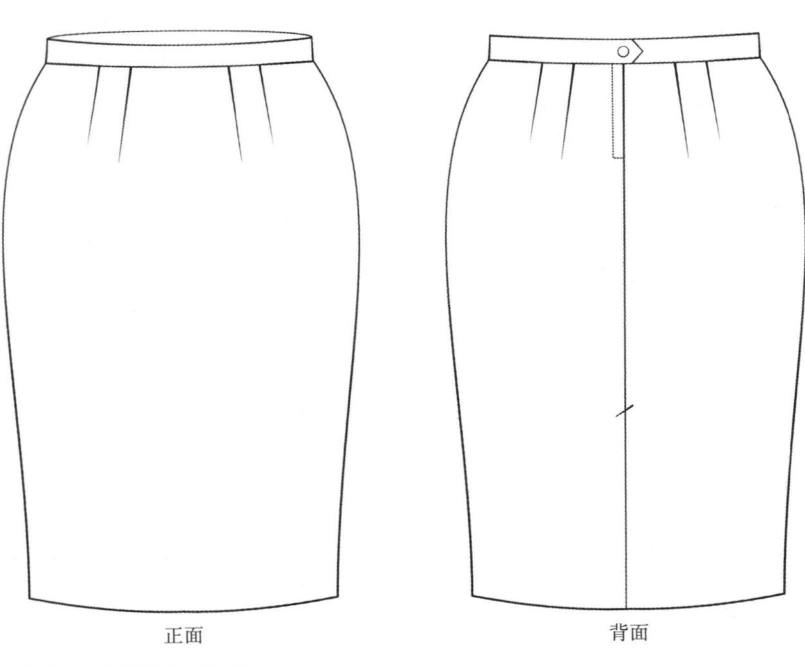

图6-4　女紧身裙款式图

表6-6 女紧身裙缝制工序

编号	工序	作业内容
1	准备工序	订正纸样 整理面料 裁剪面、里布
2	做裙子面	①缉缝前后片省道 ②开衩处的缉缝 ③缝合后中缝 ④绱隐形拉链 ⑤处理底摆并做开衩
3	做裙里	⑥缉缝前后片省道 ⑦缝合后中缝
4	面与里 的配合	⑧拉链部分的处理 ⑨开衩周围的处理 ⑩缝合裙面的侧缝 ⑪缝合裙里的侧缝 ⑫做裙里、裙面两侧的叠缝
6	做腰头	⑬在腰头的反面粘贴腰头衬 ⑭绱腰头 ⑮腰头里的处理
7	整理、完成	⑯熨烫成品 ⑰钉挂钩

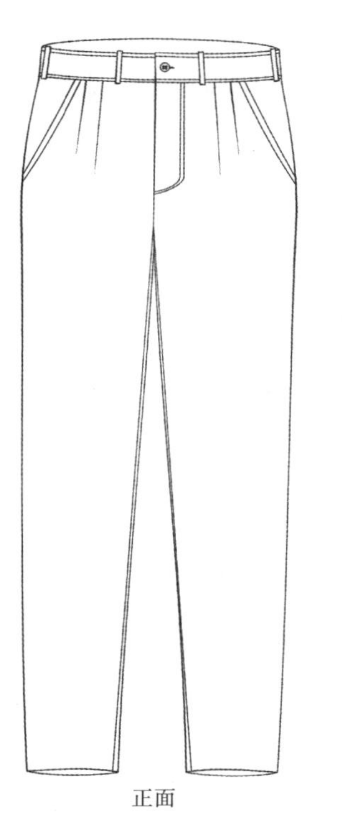

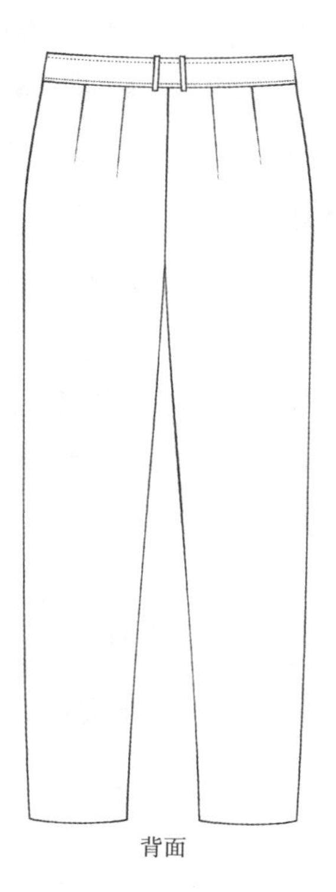

图6-5 女长裤款式图

表6-7　女长裤缝制工序

编号	工序	作业内容
1	准备工序	门襟贴边、里襟烫衬
2	裤面制作	①缉缝前后片省道 ②缝合侧缝，制作口袋 ③缝合下裆缝 ④用熨斗烫出前后烫迹线 ⑤缝合前后裆（两道线） ⑥处理裤口（暗缲缝） ⑦处理前开口
3	裤里制作	⑧缉缝前后片省道 ⑨缝合侧缝和下裆缝 ⑩缝合前后裆 ⑪处理裤口
4	裤面与裤里的配合	⑫将裤子面和裤子里对合，在侧缝处绷缝固定 ⑬裤里前开口（拉链处）打剪口后对齐固定 ⑭裤腰里和裤腰面对合，绷缝固定 ⑮绱腰 ⑯裤口拉线襻固定 ⑰腰上锁扣眼
5	整理、完成	⑱熨烫成品 ⑲钉扣

◆知识加油站3：女装熨烫工艺

服装是立体结构，要将平面的面料变成立体的服装，首先要将面料进行分割（结构设计），其次在衣片上采用收省或打褶裥的方法，最后就是利用熨烫定型来弥补裁剪时的不足。熨烫定型在服装加工过程中，主要起以下三方面的作用：

（1）通过喷雾熨烫使面料得到预缩。

（2）经过熨烫定型使服装外形平挺、美观，褶裥和线条挺直。

（3）利用材料的可塑性，适当改变材料的伸缩度、织物经纬密度和方向，塑造服装的立体造型，以适应人体体型与活动状况的要求，达到服装外形美观、穿着舒适的目的。服装行业用“三分做，七分烫”来形容熨烫技术的重要性。

1. 女装缝制半成品熨烫技术

半成品熨烫虽然介于缝纫工序之间，是在服装的某一个部位进行的，但它都是构成服装总体造型的关键，对于服装的质量起着重要的作用。

（1）分缝熨烫技术：是用于烫开、烫平连接缝，如省缝、侧缝、背缝、肩缝以及袖缝等。归拔熨烫是使平面衣片塑形成三维立体形状，如前衣片的推门、后衣片的归拔以及裤子的拔裆等都是运用归拔熨烫。

（2）扣缝熨烫：常用于缝合前将缝份毛口扣倒。方法是左手把缝份撇倒，一边折边，一边后退，右手用熨斗尖角跟着折转缝口逐步前移，将折倒的缝边熨烫平服、顺直。圆弧形袋角可离边0.5cm，用纳针手缝，再按纸板净样抽拉缝份，然后用熨斗尖角先轻后重地逐步归拢熨烫。

（3）部件熨烫：部件熨烫是对衣片边沿的扣缝、领子、口袋以及克夫等部件的定型熨烫。

2. 服装熨烫的工艺条件与注意事项

（1）服装熨烫的工艺条件：服装熨烫的工艺条件，实际就是构成服装的纺织材料湿热定型的条件，它要求在一定的温度、湿度与压力下，通过一定的时间来完成。

①温度：是熨烫工艺中最重要的一个因素，它是使服装材料变型与定型的关键。温度太低时，纤维的变形能力小，达不到热定型的目的；温度过高时，又会使面料变黄烫焦，手感发硬，对于合成纤维材料来说，甚至会发生熔融黏结现象，破坏织物的服用性能。温度的重要性不仅表现在温度的高低上，而且还表现在作用时间的长短上，即经过一定时间较高温度的处理后，必须迅速冷却，才能使纺织材料固定在新的形状上，并能获得手感柔软、富有弹性的优良风格。

②湿度：也是热定型过程中所不可缺少的一个因素，通常织物只有在湿热的条件下，其组成纤维才能够被湿润、膨胀并伸展。因此，只有在湿润的状态下，才能塑造成所需要的形状。

③压力：在服装工业中，往往存在着一个普遍错误的观念，即认为要想获得好的熨烫质量，需施以较大的压力。实验证明在一定程度上，压力的继续增大，不但对熨烫质量没有好的影响，反而使极光现象有所增加。因此，无论是服装熨烫机械的设计，还是服装熨烫实践过程中，压力控制一定要适中。

④时间：从上述对“温度”部分的论述中，已经看到了时间控制的重要性，时间控制的好坏，往往不仅体现在造型效果上，而且还与能量损耗的大小有着重要的关系。在很多服装熨烫机械中，往往就是利用对时间长短的控制，来控制作用在服装表面的温度、湿度与压力的变化过程。

（2）服装熨烫的注意事项：服装的熨烫效果取决于以上四项重要的工艺技术参数的选择，因此在服装熨烫中，特别是手工熨烫时需注意以下事项：

①首先要了解所熨烫服装的材料及其性能，所使用熨斗的当前温度，两者是否匹配。

②熨烫应尽可能在衣料反面进行，如要在正面熨烫，应盖上烫布，以免烫黄或烫出极光。

③熨烫时熨斗应沿面料经向移动，以保持面料丝绺顺直。

④熨烫时的压力大小要根据材料、款式、部位而定。如真丝、人造棉、人造毛、灯芯绒、平绒、丝绒等材料，用力不能太重，否则会使纤维倒伏而产生极光；而毛料西裤的烫迹线、西装的止口等处，则应重力压，以利于折痕持久，止口变薄。

◆知识加油站4：女装的工艺要求与质量检验

1. 女装的工艺要求（表6-8~表6-10）

表6-8　女衬衫工艺要求

项目	工艺要求
领	领头、领角对称，自然窝服顺直 绱领位置准确，方法正确，领面平服
袖	绱袖圆顺，吃势均匀，对位准确，无死褶袖，细褶均匀 袖头符合规格、左右对称 袖衩平服，无毛露，缉线顺直
侧缝	袖底十字缝对齐，线迹顺直，无死褶
下摆	起落针回针，贴边宽度一致，止口均匀 两端平齐，中间不皱不拧
门襟	长短一致，不拧不皱，贴边宽度均匀 锁眼、钉扣位置准确
省	省位、省大、省向、省长左右对称 省尖无泡、无坑，曲面圆顺
整烫效果	线头修净，衣身平整，无污、无黄、无极光

表6-9　女西服工艺要求

项目	工艺要求
规格	允许误差：胸围 ±1cm；衣长 ±1cm；肩宽 ±0.8cm
衣身	肩头平服，衣身丝绺顺直，胸部饱满，吸腰自然，止口平薄、顺直，底摆窝服，锁眼、钉扣方法正确、位置准确
领	领角、驳头对称、窝服；串口顺直，里外平薄；止口不反吐
袋	大袋袋盖丝绺正确、贴体，美观对称，袋布平服，袋口两端方正，牢而无毛、无裥
袖	绱袖位置正确，袖山饱满、圆顺，吃势均匀、无皱，袖面平服不起吊。垫肩位置合适，缝钉牢固
衣里	装配适当，袖口、底摆留眼皮1cm左右，背缝、侧缝留坐势与衣面固定无遗漏
整烫效果	外形挺括，分割线顺直，美观，无线头、无污渍、无黄斑、无极光、无水渍

表6-10　女长裤工艺要求

项目	工艺要求
规格	允许误差：腰围 ±1cm；裤长 ±1cm；直裆 ±0.5cm
腰头	丝绺顺直，宽度一致，内外平服，两端下齐，襻位恰当，缝合牢固（两端无毛露）
门襟	门襟止口顺直，封口牢固，不起吊，拉链平服，缉明线整齐
前片	折裥位对称，裥量一致，烫迹线挺直

续表

项目	工艺要求
侧袋	左右对称，袋口平服，不拧不皱，缉线整齐，上下封口位置恰当，缝合牢固，袋布平服
后片	腰省左右对称。倒向正确，压烫无痕
内外侧缝	缝线顺直，不起吊，分烫无坐势
裆缝	裆缝十字缝处平服，缝线顺直，分压缝线迹重合
裤脚口	贴边宽度均匀，三角针线迹松紧适宜，正面无针花，底边平服，不拧不皱
整烫效果	无污、无黄、无焦、无光、无皱，烫迹线顺直

2. 女装质量检验（表6-11、表6-12）

表6-11　女上装质量检验

部位	检验内容
衣领	①衣领是否装正，领面是否平服 ②衣领翻折线是否在设计的位置上 ③衣领的左右两边丝绺、条格是否一致 ④衣领的翻领部分翻下是否牵紧 ⑤衣领弯曲后形态是否自然圆顺 ⑥衣领弯曲里侧是否有多余皱褶 ⑦驳头表面是否平服，是否能自然驳下 ⑧驳头的驳折位置是否在规定位置 ⑨驳头里侧是否反吐
肩	①肩缝是否顺直 ②肩端是否下坍，肩部是否平挺 ③前肩部是否平服、有无多余褶皱 ④垫肩量是否恰当，位置是否合适
前衣身	①前门襟止口是否顺直、挺服 ②胸部的造型是否美观 ③纽眼的位置是否适当，锁眼的方法是否恰当，纽扣装钉的位置是否正确 ④止口的缝制是否美观 ⑤前身的领口贴边是否平服 ⑥省缝份是否有酒窝状，省缝熨烫是否美观
挂面	①挂面是否平服 ②倒钩的暗缝是否服帖 ③挂面在胸部是否牵紧
衣袖	①前袖缝归拔是否充分 ②袖子的位置是否正确 ③袖口衬安放是否服帖 ④袖头的开口部位重叠是否一致 ⑤袖口里布的缭缝以及袖里布与面布之间的配合是否恰当 ⑥袖山缩缝量分配是否恰当、装袖缝是否美观、袖山造型是否丰满

续表

部位	检验内容
侧缝	①侧缝是否平服 ②侧缝面里布的线是否牢固
后背	①背缝是否平服 ②后背的盖背是否美观 ③后背的装领部位是否平服
底摆	①底摆的折边是否合适，明线是否美观 ②底摆的暗缝线是否平服
门襟	①门襟重叠量是否正确，上片与下片长短是否一致 ②门襟的转角造型是否平服
里布	①里布的缝道是否平服 ②里布在纵向、横向是否有必要的余量 ③里布底摆缭缝是否平服

表6-12　女下装质量检验

部位	检验内容
腰围	①腰围宽度方向的丝绺是否一致 ②装腰头的缝迹是否平服、美观 ③腰襻的位置是否恰当，缝合是否牢固
袋	①袋口的缝迹是否平服、美观，封口位置是否恰当，缝合是否牢固 ②袋嵌线与袋垫布的布边处理是否恰当
后省道	①后省道的位置是否正确 ②左右两省是否对称 ③省道的处理方法是否适当
侧缝	①侧缝的缝道是否顺直 ②侧缝的缝线是否平服 ③包缝线迹是否脱散
直裆缝	①直裆十字缝处理是否准确、平整 ②后直裆缝的缝合是否准确对位 ③前直裆缝的封口位置是否适当、牢固
门里襟	①前门襟位置是否适当，门里襟缝合是否牢固 ②前门襟是否平服，里布是否外吐 ③装拉链的位置是否适当，拉链的关启是否顺畅 ④里襟的长度是否一致 ⑤纽眼与纽扣的位置是否正确
脚口	①左右脚口的尺寸是否一致 ②脚口折边是否美观，内外两侧是否齐整

四、拓展训练

款式拓展1：青果领西服与分割式西服裙成衣工艺（表6-13）

表6-13　青果领西服与分割式西服裙成衣工艺

1. 款式特征

（1）青果领西服：

①前衣身：L型分割，前中下摆褶裥装饰，一粒扣

②后衣身：腰线L型分割，下摆褶裥装饰

③衣领：青果领

④衣袖：月牙形立体袖山

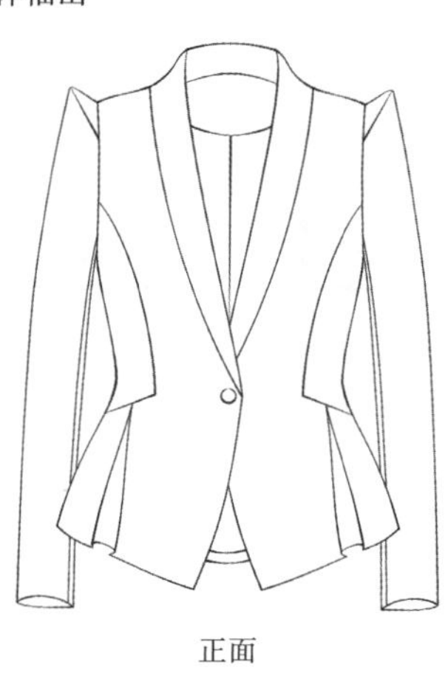
正面

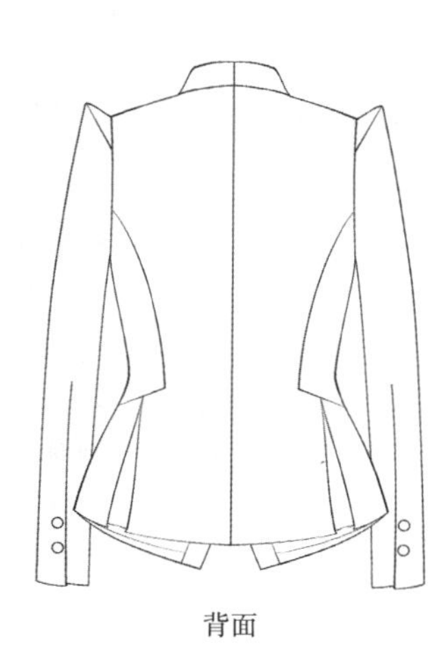
背面

（2）分割式西服裙：紧身中裙，中高腰，腰带装饰，前后片分别做左右对称分割，明线缉缝固定褶上段

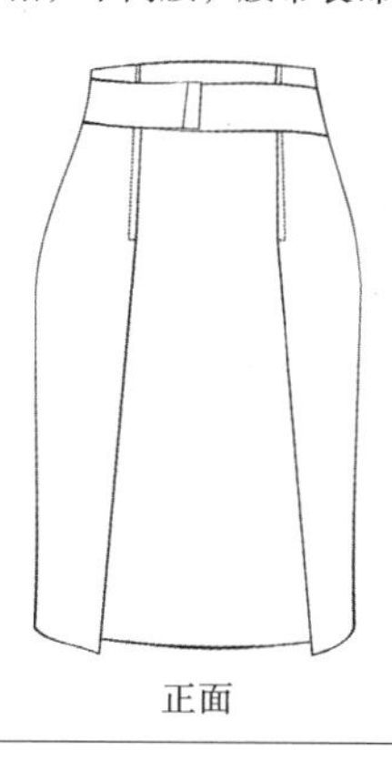
正面

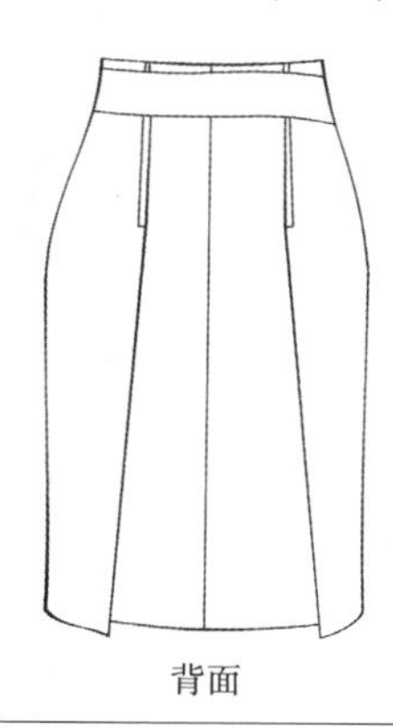
背面

2. 工艺要求

①布料纱向正确，经纬纱垂平，达到丝绺平衡

②缝份倒向合理，衣缝平整；毛边处理光净整洁，方法得当

③针距为14～15针/3cm，缉线要求宽窄一致，各类缝型正确，无断线、脱线、毛漏等不良现象

④工艺细节处理得当，衣面与衣里缝线松紧适宜，层次关系清晰

3. 工艺流程

（1）青果领西服：

①缝制准备：裁剪面、辅料→前片、挂面、袖口、领面等部位黏合衬→归拔整形、门襟拉牵条

②缝制衣身面料：缝腰部前后褶裥→缝合衣身前片与前侧片→缝合衣身后片与后侧片、整烫前片、缝合后身中缝→整烫前后衣片→缝合肩缝，分缝烫

续表

③缝制衣身里料：拼缝挂面与里料前身→缝合里料后身→拼合里料肩袖缝，熨烫 ④做领与绱领：拼缝领里、领面后中，熨烫→绱领里与衣身面，熨烫→缝合挂面与衣身，翻烫 ⑤做袖与绱袖：做袖衩，缝合袖缝→缝合袖山月牙→绱袖 ⑥里面料配合：缝合面料、里料侧缝，熨烫→在侧缝处固定面、里料→面里料袖口、底摆缝合 ⑦整烫与检验：整烫、锁扣眼、钉纽扣、修剪线头 （2）分割式西服裙： ①缝制准备：订正纸样→整理面料→裁剪面、里布 ②做裙子面：缉缝前后片褶裥→缝合后中缝→绱隐形拉链 ③做裙里：缉缝前后片省道→缝合后中缝 ④面与里的配合：拉链部分的处理→开衩周围的处理→缝合裙面的侧缝→缝合裙里的侧缝→做裙里、裙面两侧的叠缝 ⑤做腰带

款式拓展2：平驳领西服与不对称中长裙成衣工艺（表6-14）

表6-14 平驳领西服与不对称中长裙成衣工艺

1. 款式特征

（1）平驳领西服：

①前衣身：四开身结构，公主线，腰部横向分割，衣身底摆左右设置立体褶裥

②后衣身：公主线，腰部横向分割，底摆略有曲面造型

③衣领：不对称平驳领

④衣袖：合体两片袖结构

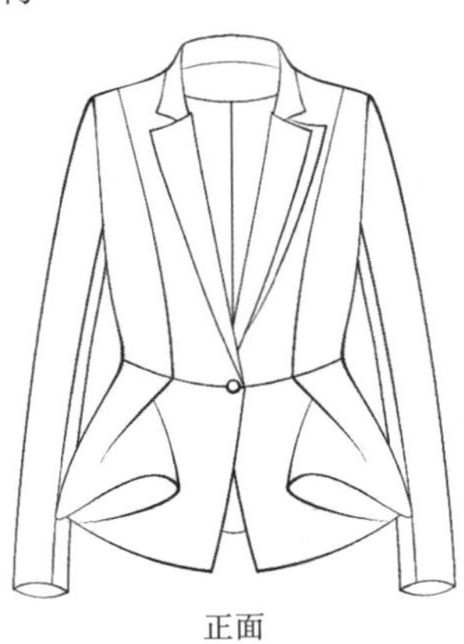

正面

背面

（2）不对称中长裙：裙摆为分割不对称设计

正面

背面

续表

2. 工艺要求
①面料纱向正确，经纬纱垂平，达到丝绺平衡
②缝份倒向合理，衣缝平整；毛边处理光净整洁，方法得当
③针距为14～15针/3cm，缉线要求宽窄一致，各类缝型正确，无断线、脱线、毛漏等不良现象
④工艺细节处理得当，衣面与衣里缝线松紧适宜，层次关系清晰

3. 工艺流程
（1）平驳领西服：
①缝制准备：裁剪面、辅料→前片、挂面、袖口、领面等部位黏合衬→归拔整形与前领口及门襟拉牵条
②缝制衣身面料：缝腰部褶裥→拼缝衣身前片与侧片→拼缝前下片、整烫→拼缝后衣身→缝合肩袖缝，分缝烫
③缝制衣身里料：拼缝挂面与里料前身→缝合里料后身→拼合里料肩袖缝→缝合门襟止口至绱领处，修剪，熨烫
④做领与绱领：缝合领面、领里，修剪缝份、翻烫→绱领，翻烫绱领线
⑤做袖子与绱袖子：缝合袖缝、烫缝→缩缝袖山→缝袖里→缝合表袖与里袖的袖口→做里袖、表袖的叠缝→绱袖
⑥里面料配合：缝合面料、里料侧缝，熨烫→在侧缝处固定面、里料→面里料袖口、底摆缝合
⑦整烫与检验：整烫、锁扣眼、钉纽扣、修剪线头
（2）不对称中长裙：
①缝制准备：核对纸样→整理面料→裁剪面、里布
②做裙子面：拼缝前后片→绱隐形拉链→做腰、绱腰→整理底摆
③整烫与检验：整烫、修剪线头、检验

款式拓展3：戗驳领西服与拼接式西服裙成衣工艺（表6-15）

表6-15　戗驳领西服与拼接式西服裙成衣工艺

1. 款式特征
（1）戗驳领西服：
①前衣身：四开身结构，L型分割，衣身底摆左右设置褶裥
②后衣身：L型分割，底摆后中及左右均有叠褶
③衣领：戗驳领设计
④衣袖：合体两片袖结构

正面

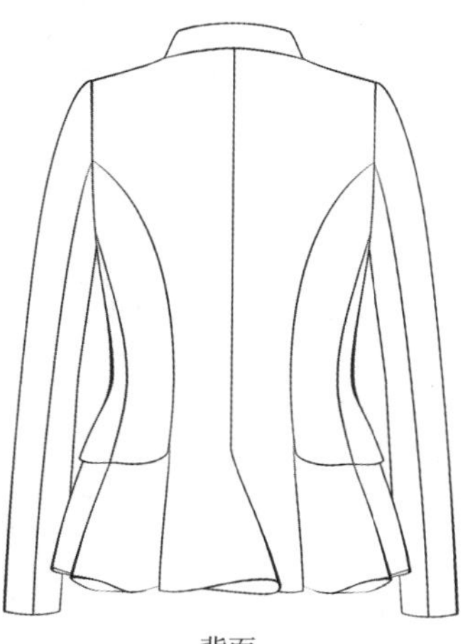
背面

续表

（2）拼接式西服裙：裙身拼接式设计，前片腰部抽褶固定，后中分缝

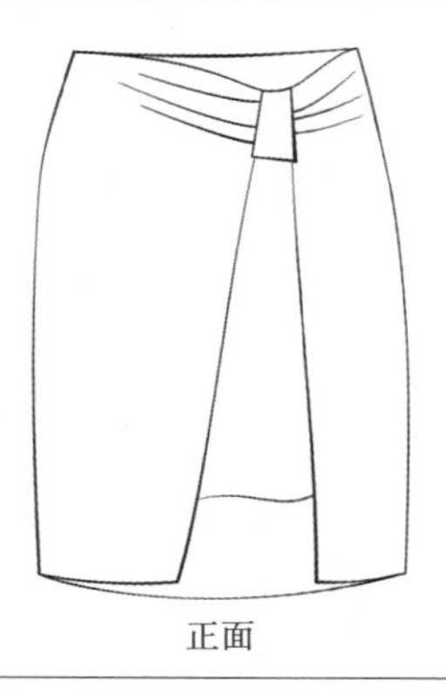
正面

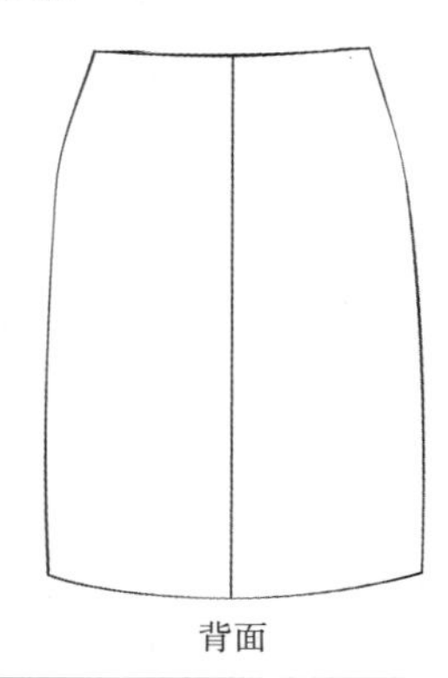
背面

2. 工艺要求

①面料纱向正确，经纬纱垂平，达到丝绺平衡

②缝份倒向合理，衣缝平整；毛边处理光净整洁，方法得当

③针距为14～15针/3cm。缉线要求宽窄一致，各类缝型正确，无断线、脱线、毛漏等不良现象

④工艺细节处理得当，衣面与衣里缝线松紧适宜，层次关系清晰

3. 工艺流程

（1）戗驳领西服：

①缝制准备：裁剪面、辅料→贴黏合衬→归拔整形与前领口及门襟拉牵条

②缝制衣身面料：缝腰部褶裥→拼缝衣身前片与侧片→做腋下省，整烫前片→缝合后衣身并整烫

③缝制衣身里料：拼缝挂面与里料前身及插片→缝合里料后身→拼合里料肩袖缝，熨烫→缝合门襟止口至绱领处，修剪，熨烫

④做领与绱领：缝合领面、领里，修剪缝份、翻烫→绱领，翻烫绱领线

⑤做袖子与绱袖子：缝合袖缝、烫缝→缩缝袖山→缝袖里→缝合表袖与里袖的袖口→做里袖、表袖的叠缝→绱袖

⑥里面料配合：缝合面料、里料侧缝，熨烫→在侧缝处固定面、里料→面里料袖口、底摆缝合

⑦整烫与检验：整烫、锁扣眼、钉纽扣、修剪线头

（2）拼接式西服裙：

①缝制准备：核对纸样→整理面料→裁剪面、里布

②做裙面：缉缝前片缩褶→做束褶带环→处理前衩→缝合后中缝→绱隐形拉链

③做裙里：缉缝前片缩褶→缝合后中缝

④面与里的配合：拉链部分的处理→开衩周围的处理→缝合裙面的侧缝→缝合裙里的侧缝→做裙里、裙面两侧的叠缝

⑤缝整烫与检验：整烫、修剪线头、检验

任务二　系列创意女装制作工艺

系列创意女装款式变化较大，创新性强，所需工艺手法较多，且有较强的创意性，要求有较为全面的工艺技能，并且能灵活应用所学知识与技能设计合理制作工艺，能够创新性地应用工艺手法为服装的设计效果增色添彩。

案例一：《瑰语》系列（图6-6、图6-7）

图6-6 《瑰语》系列女装成衣一

图6-7 《瑰语》系列女装成衣二

该系列中的西短裤以及衬衫的制作工艺参考基本款衬衫以西裤的制作工艺即可完成，故在此不再详细说明具体制作过程，较复杂款式的成衣工艺参见表6-16～表6-19。

表6-16 修身外套成衣工艺

1. 款式图

正面

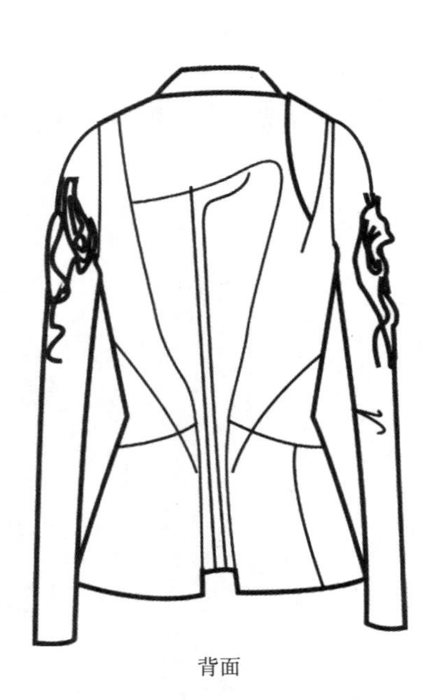
背面

2. 工艺流程

①检查裁片→粘衬
②缝合领里、面→翻烫领子→做覆肩→缝合省道→拼合前衣片→拼合后衣片
③拼缝挂面与前片里料→缝合前衣身与挂面→翻烫挂面→合侧缝→拼合衣身下片→面子合肩缝→里子合肩缝
④做领、绱领
⑤缝袖片缀饰→合袖缝→绱袖
⑥合底摆→钉扣
⑦整烫、检验

3. 工艺要求

①裁剪：核实裁剪数量正确，并按样板裁剪。拉布平整，一顺拖料，布边一边对齐，注意倒顺光及面料色差，各部位刀眼钉眼对齐，丝绺顺直
②针距：针距0.25cm
③线迹：底面线均匀、不浮线、无跳针
④缝制：肩头平服，衣身丝绺顺直，胸部饱满，吸腰自然，止口平薄、顺直，底摆窝服，锁眼、钉扣方法正确、位置准确，袖口、底摆留眼皮1cm，背缝、侧缝留坐势与衣面固定无遗漏
⑤领缝制：立领服帖，里外平薄，止口不反吐
⑥线迹要求：所有拼接线迹平整、合缝不拉斜、不扭曲、弧度圆顺
⑦绱袖：位置正确，袖山饱满、圆顺，吃势均匀、无皱，袖面平服不起吊。垫肩位置合适，缝钉牢固，装配适当
⑧整烫：平服，挺括，分割线顺直，美观，无线头、无污渍、无黄斑、无极光

表6-17 修身分割长裙成衣工艺

1. 款式图

正面

反面

2. 工艺流程

①检查裁片→粘衬→锁边

②拼缝前裙片→拼缝前胸贴布→缝合前领圈贴边→拼缝后中片→拼缝后侧片→合侧片与后片合后中缝→缝合后领圈贴边→合肩缝→合摆缝

③拼合裙里→合裙里肩缝

④做翻领→缝合翻领与领座→绱领→侧缝装隐形拉链

⑤合里面袖窿→裙脚里布折边缝→手针挑裙脚

⑥整烫、检验

3. 工艺要求

①裁剪：核实裁剪数量正确，并按样板裁剪。拉布平整，一顺拖料，布边一边对齐，注意倒顺光及面料色差，各部位刀眼钉眼对齐，丝绺顺直

②缝纫：针距0.25cm。衬衫领，领边压0.5cm明线，领座、袖口压0.1cm明线。底摆卷边压1.5cm明线，前后胸部拼接平整压0.1cm明线

③钉标：配色线缝尺码标于后领中下边1.5cm处，洗涤标在左边侧缝下起15cm，线头修剪干净

④整烫：要平服，不起皱，无极光，一批产品的整烫折叠规格应保持一致

⑤检测与包装：领口圆顺，左右袖对称、大小一致，商标、标记清晰端正。成衣熨烫平挺，折叠平服端正，衣身保持清洁，无线头，无污迹

表6-18 箱式大衣成衣工艺

1．款式图

正面

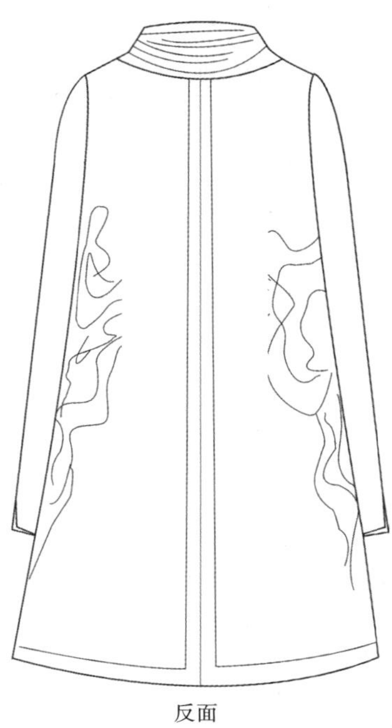
反面

2．工艺流程

①检查裁片→粘衬

②定领褶→缝前片缀饰→缝合前片上下层面料→缝合后片上下层面料

③拼合前衣片→拼合后衣片→合侧缝→合肩缝

④绱领→拼缝袖片→合袖缝→绱袖→折缝下摆

⑤整烫、检验

3．工艺要求

①裁剪：核实裁剪数量正确，并按样板裁剪。拉布平整，一顺拖料，布边一边对齐，注意倒顺光及面料色差，各部位刀眼钉眼对齐，丝绺顺直

②针距：针距0.25cm

③线迹：底面线均匀、不浮线、无跳针

④衣身缝制：肩头平服，衣身丝绺顺直，胸部饱满，吸腰自然，止口平薄、顺直，底摆窝服，前中拉链服帖、位置准确

⑤领缝制：立领服帖，褶皱自然，团花肌理装饰美观

⑥钉标：配色线缝尺码标于后领中下边1．5cm处，洗涤标在穿起左边侧缝下起15cm，线头修剪干净，无污迹

⑦整烫：要平服，不起皱，无极光

⑧检测与包装：领口圆顺，左右袖对称、大小一致，商标、标记清晰端正。成衣熨烫平挺，折叠平服端正，衣身保持清洁，无线头

表6-19　双层领马甲成衣工艺

1. 款式图

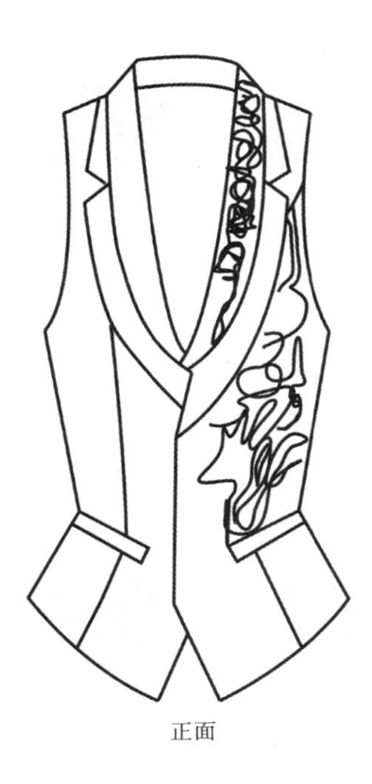

正面

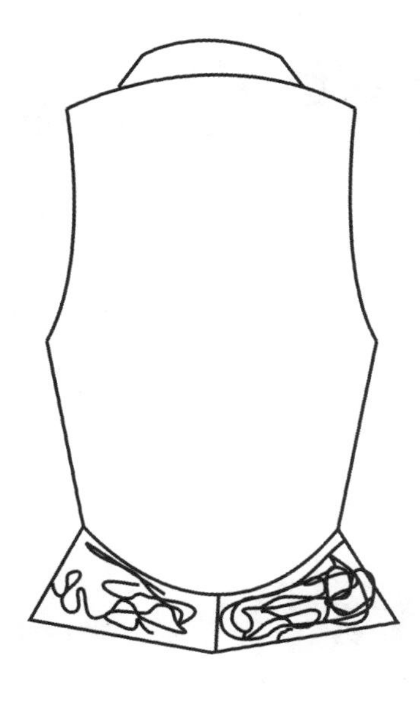

反面

2. 工艺流程

①检查裁片→粘衬

②缝领片缀饰→缝合翻领与领座→合领里、领面→领修剪翻烫

③缝合省道→缝前后片缀饰→拼缝挂面与前身里布（绱上层领）→缝合前衣身与挂面→翻烫挂面→合侧缝（里、面）→面子合肩缝→里子合肩缝

④绱领→合下摆→钉扣

⑤整烫、检验

3.工艺要求

①裁剪：核实裁剪数量正确，并按样板裁剪。拉布平整，一顺拖料，布边一边对齐，注意倒顺光及面料色差，各部位刀眼钉眼对齐，丝绺顺直

②针距：针距0.25cm

③线迹：底面线均匀、不浮线、无跳针

④缝制：肩头平服，衣身丝绺顺直，胸部饱满，吸腰自然，止口平薄、顺直，底摆窝服，锁眼、钉扣方法正确、位置准确

⑤领缝制：翻领服帖，有窝势、里外匀无反吐

⑥钉标：配色线缝尺码标于后领中下边1.5cm处，洗涤标在穿起左边侧缝下起15cm，线头修剪干净，无污迹

⑦整烫：要平服，不起皱，无极光

⑧检测与包装：领口圆顺，左右袖对称、大小一致，商标、标记清晰端正，成衣熨烫平挺，折叠平服端正。衣身保持清洁，无线头

案例二：《简画》系列（图6-8）

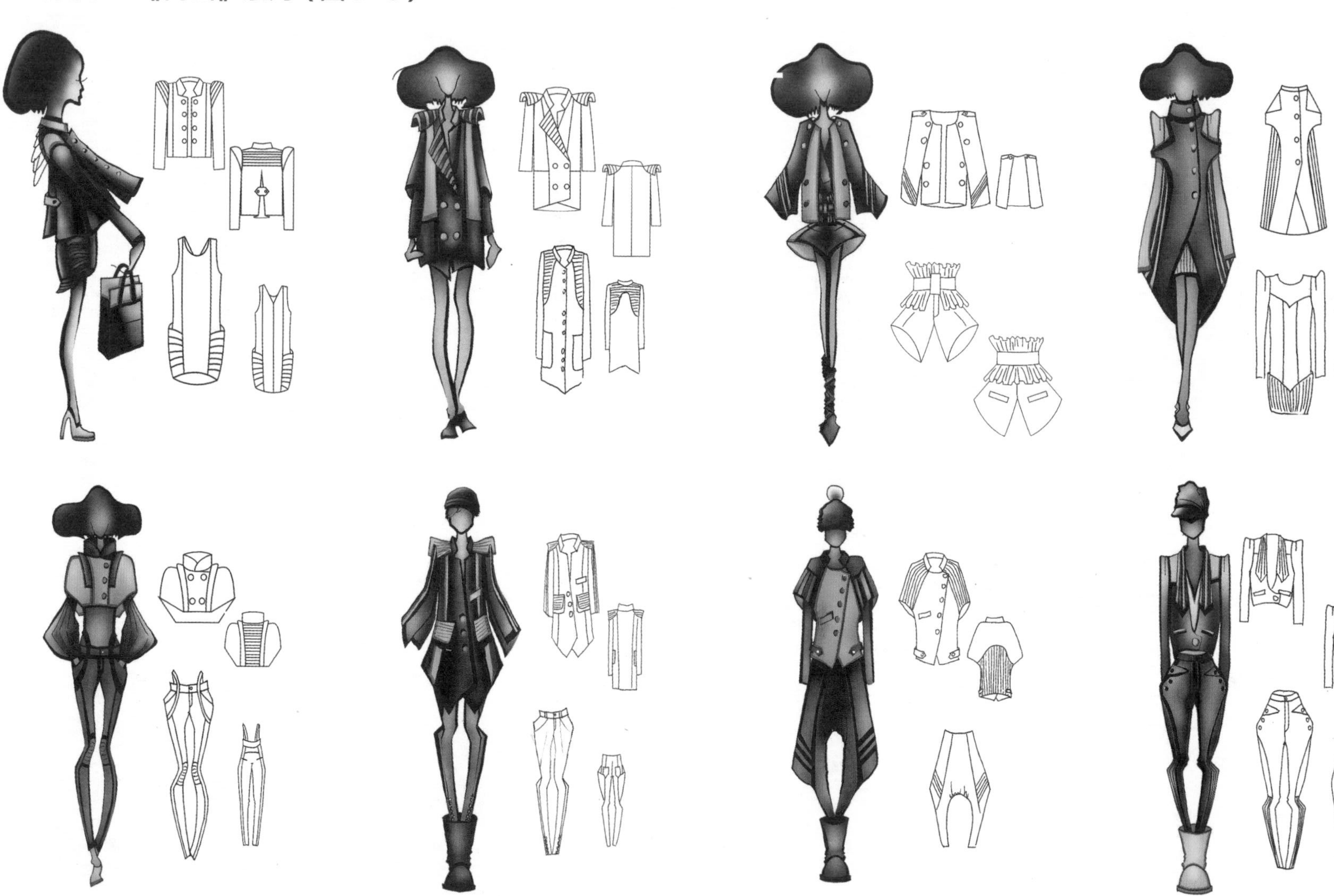

图6-8 《简画》效果图及平面款式图

1. 裁剪

将系列服装中相同面料纸样描在面料上，先从面积大的部件开始沿经纱方向摆放，面积小的部件插放其间。对于有毛绒方向或反光的面料要保持裁片方向的一致性，以免造成色差。

2. 缝制工艺（选择其中四款服装）

（1）短款褶裥外套：

①短款褶裥外套成衣工艺（表6-20）。

表6-20 短款褶裥外套成衣工艺

1. 款式图

2. 工艺流程

①裁剪面料、里料→做标记→粘衬

②拼合前衣身→做前开衩→拼合后衣身→做后开衩→做后背装饰褶→缝合侧缝

③做里布前开衩→做里布后开衩→缝合里子侧缝

④装挂面→翻烫挂面→扣烫、固定底摆

⑤缝合后片装饰→合肩缝→缝合左右侧缝

⑥缝制领子、绱领子

⑦缝制袖子、绱袖子

⑧钉扣→整理

3. 制作说明

①后衣片雪纺拼接，在缝制层叠面料时不要拉扯，防止斜丝

②绱袖子时，注意袖中缝要与衣片的侧缝对齐，袖山高位置褶量和方向要对称

③挂面及领口地方要烫平

②短款褶裥外套缝制工序（表6-21）。

表6-21 短款褶裥外套缝制工序

序号	工序	制作内容	参照图与操作要点说明
1	准备工序	裁剪面料、里料	核实裁片数量、检查裁片
		裁剪并粘贴前片、挂面、袖口、领面等部位黏合衬	衬的纱向基本和面料一致。另外，衬比面料的裁片要小些，从正面看时，衬不能从缝份边上露出
		准备缝制所使用的小物品及用具	准备好线、卷尺、纽扣、手针（5#、6#）、机针（11#）等必要工具
2	衣身面料的缝制	拼合前衣身、做前开衩	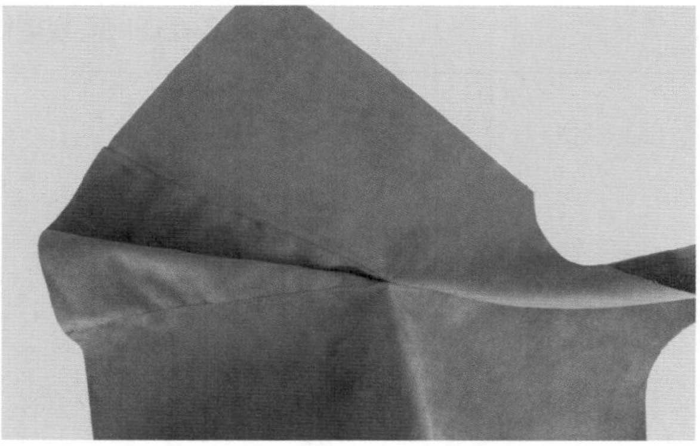
		拼合后衣身、做后开衩	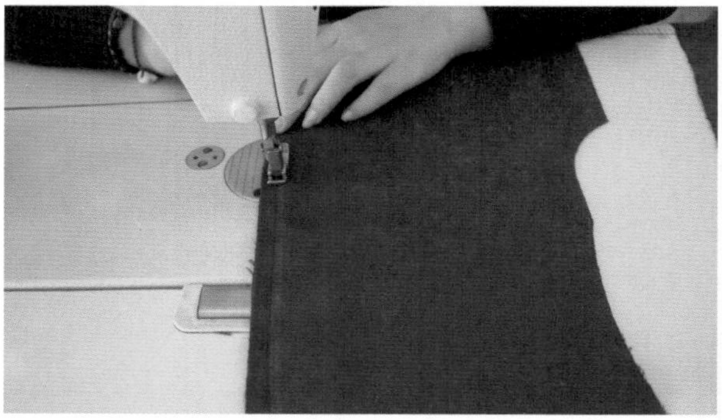
		折烫装饰折，固定装饰褶于后衣片	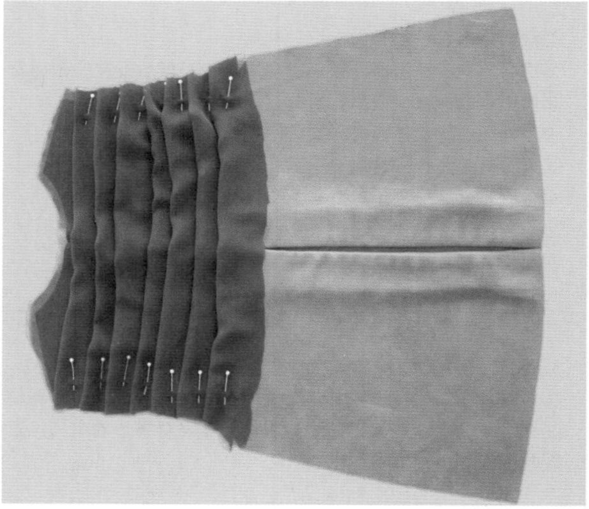

续表

序号	工序	制作内容	参照图与操作要点说明
2	衣身面料的缝制	缝制、装钉后腰装饰襻	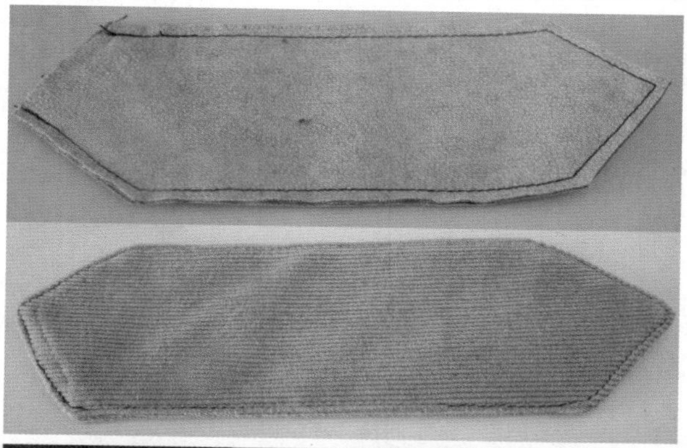 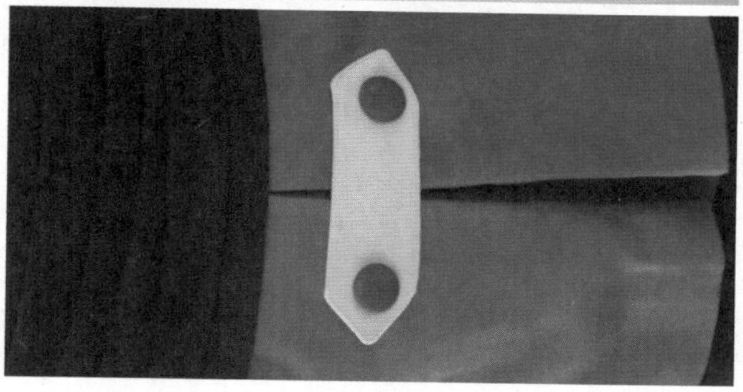
		缝合侧缝	
3	衣身里料的缝制	做里布前开衩	缝制方法同衣身面料
		做里布后开衩	
		缝合里子侧缝	
4	装挂面、翻烫挂面	挂面缝在前里料上，里面料前片缝合、翻烫挂面	

续表

序号	工序	制作内容	参照图与操作要点说明
5	合肩缝	缝合里、面料肩缝	肩缝分缝熨烫
6	衣身里、面料的配合	衣身里、面衣片对合	对合面、里料缝份，衣面与衣里在腋下缝份处拉线襻固定
7	处理底摆	折烫、固定底摆	 包缝机包缝面料底摆边后暗缲缝，衣身里料底摆短于面料底摆2cm
8	做领、绱领	立领制作	 领面比领里大0.3 ~ 0.5cm，领尖处做对位记号
		绱领子	 领面与衣身面相对，领里与衣身里料相对，绷缝领口，缉缝，劈烫缝份
9	做袖、绱袖	缝制袖子	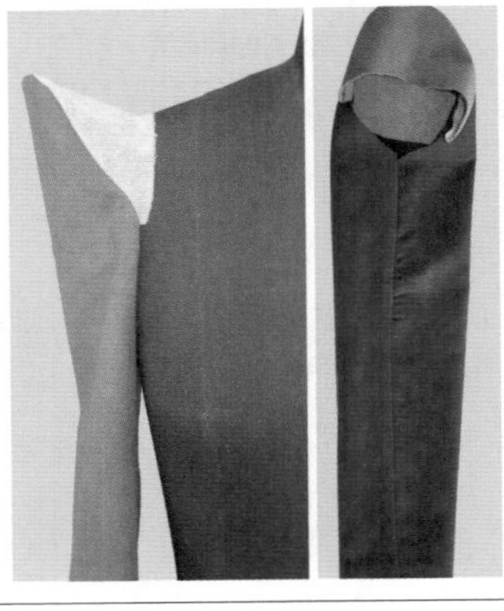

续表

序号	工序	制作内容	参照图与操作要点说明
9	做袖、绱袖	绱袖子	
10	后整理	完工整烫、缉明线、钉纽扣、修剪线头	

（2）宽松型长款西服：

①宽松型长款西服成衣工艺（表6-22）。

表6-22　宽松型长款西服成衣工艺

1. 款式图

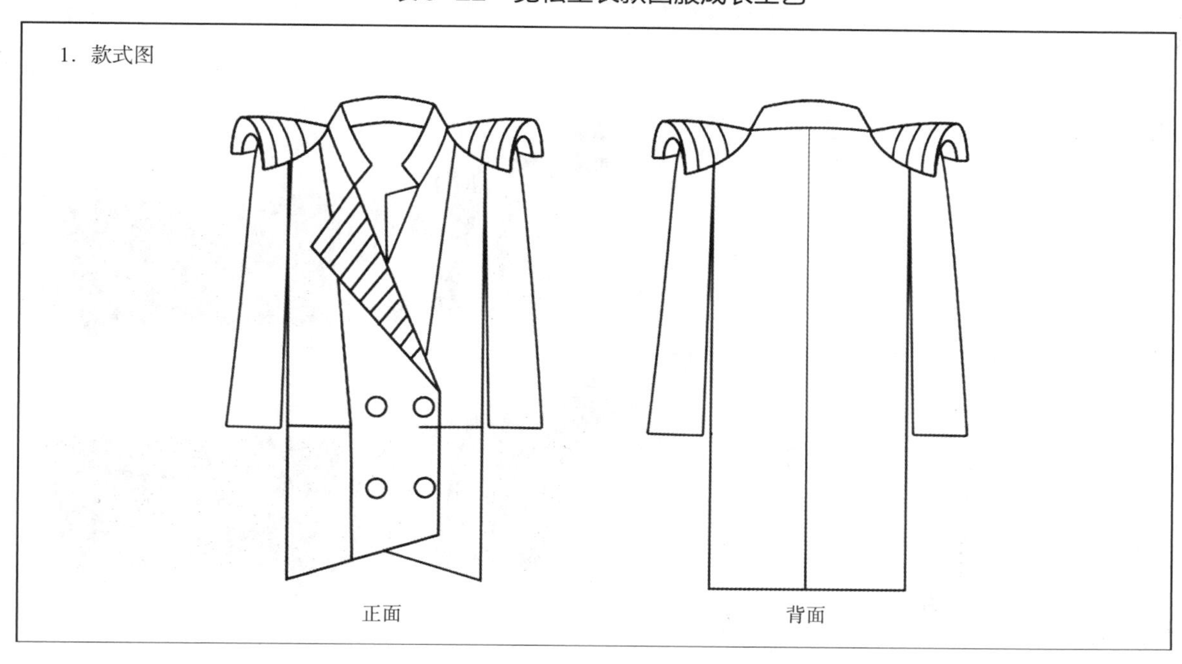

续表

2. 工艺流程 ①裁剪面料、里料→做标记→粘衬 ②裁剪、折烫黄色装饰条→缝挂面黄色装饰条→拼合衣身侧片→缝贴袋→拼合前后衣身 ③挂面与衣身里料缝合、熨烫→里面料前片缝合、翻烫挂面→面、里的后片拼接线对合→折烫、固定底摆 ④缝制领子、绱领子 ⑤缝制袖子、绱袖子 ⑥缝装饰垫肩→完工整烫 ⑦锁扣眼、钉纽扣→整理
3. 制作说明 ①缝制单嵌线口袋时注意平整，嵌条宽度相同，口袋左右对称 ②绱袖子时，注意袖中缝要与衣片的侧缝对齐，袖山高位置折量和方向应对称 ③挂面及领口要烫平，翻驳领层叠处应熨烫平整，小立领左右需对称 ④缝制垫肩时，注意左右高度一致

②宽松型长款西服缝制工序（表6-23）。

表6-23　宽松型长款西服缝制工序

序号	工序	制作内容	参照图与操作要点说明
1	准备工序	裁剪面料、里料	核实裁片数量、检查裁片
		裁剪并粘贴前片、挂面、袖口、领面等部位黏合衬	衬的经纱方向与身片面料基本一致，薄厚要分开。另外烫薄衬的侧片袖窿、底摆、袖口，应根据面料和款式需要，有时可以斜裁。衬比面料的裁片要小些，从正面看时衬不能从缝份边上露出
		裁剪、折烫黄色装饰条	装饰条裁剪宽度5cm，两边分别折烫1cm缝份
		准备缝制所使用的小物品及用具	准备好缝线、卷尺、纽扣、手针（5#、6#）、机针（11#）等必要工具
2	面料衣身缝制	缝挂面黄色装饰条	 0.1cm明线缉缝黄色装饰条于挂面

续表

序号	工序	制作内容	参照图与操作要点说明
2	面料衣身缝制	拼合侧片	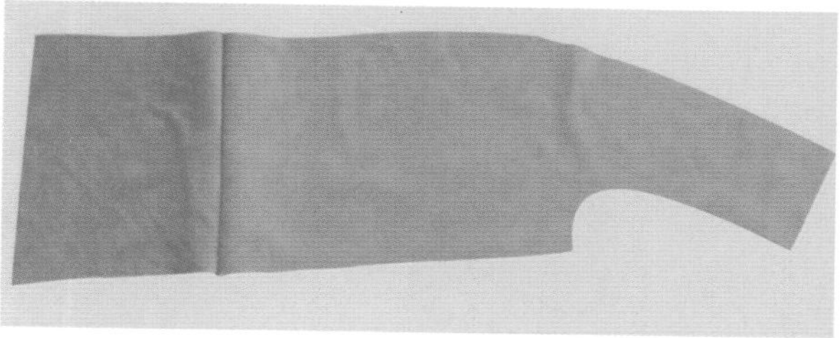
		缝贴袋	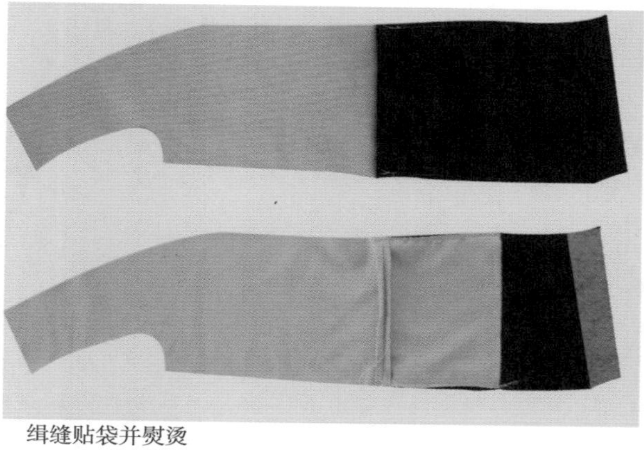 缉缝贴袋并熨烫
		拼合前后衣身	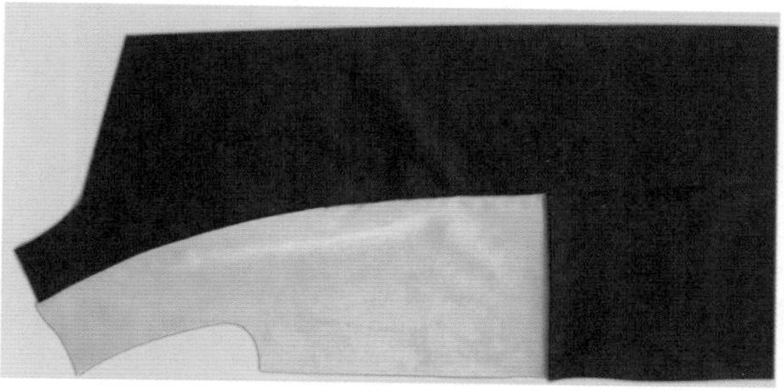
		拼合后衣身	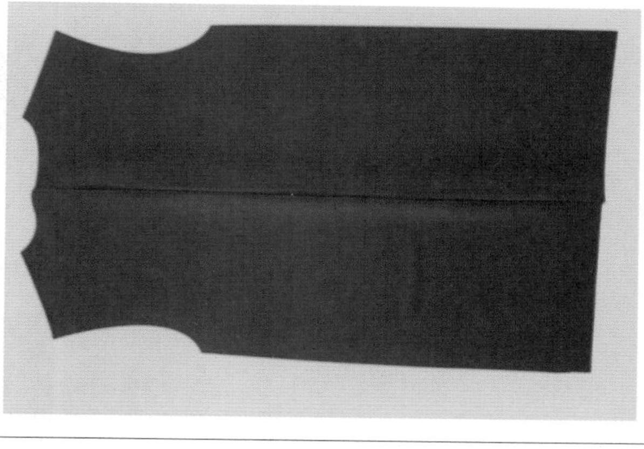
3	衣身里料缝制	缝合前片拼接线	与衣身面料缝合方法相同
		缝合后中缝	

续表

序号	工序	制作内容	参照图与操作要点说明
4	装挂面、翻烫挂面	挂面与衣身里料缝合、熨烫，合挂面、翻烫挂面	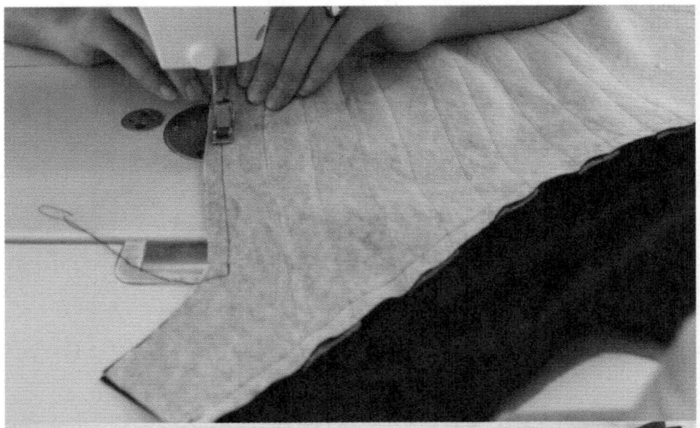  门襟底摆内侧缉0.1cm明线
5	里面衣片对合	面、里的拼接线对合	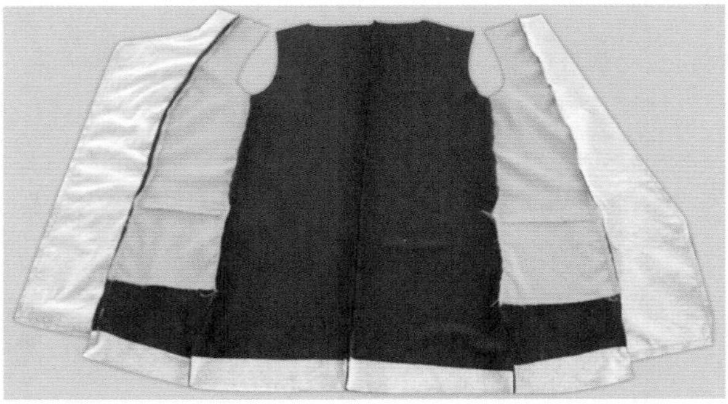
6	合肩缝、做肩部装饰	合肩缝	
		缝装饰垫肩	
7	处理底摆	折烫、固定底摆	对合面、里料缝份，缝合衣面与衣里底摆
8	缝制领子、绱领子	缝制领子	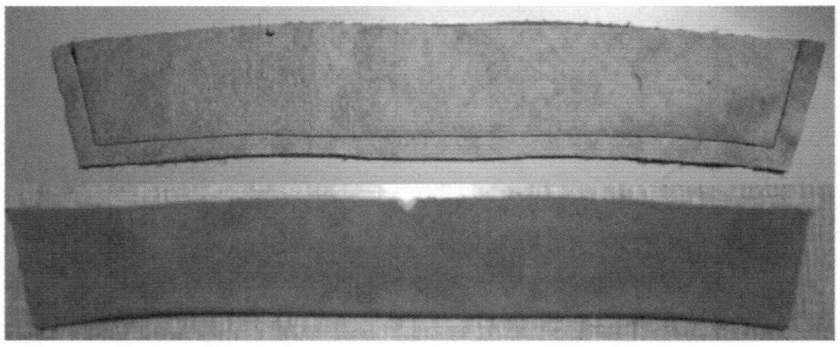

续表

序号	工序	制作内容	参照图与操作要点说明
8	缝制领子、绱领子	绱领子	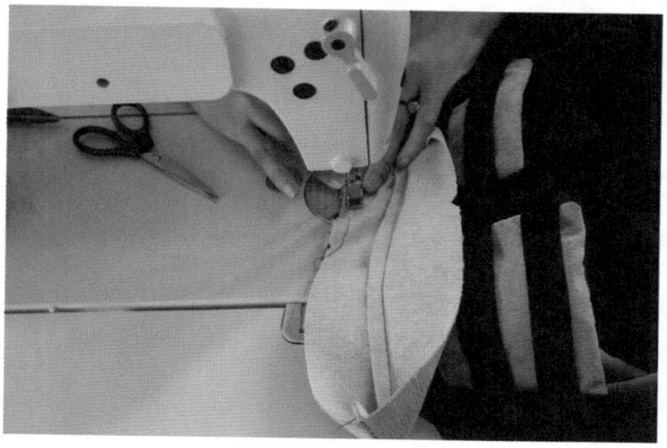
9	缝制袖子、绱袖子	缝制袖子	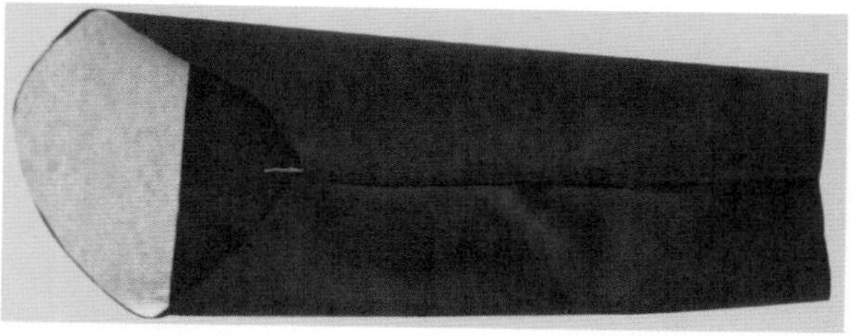
		绱袖子	参照普通原装袖绱袖工艺
10	后整理	完工整烫、锁扣眼、钉纽扣、修剪线头	

（3）短款分袖外套与短裤：

①短款分袖外套与短裤成衣工艺（表6-24）。

表6-24　短款分袖外套与短裤成衣工艺

1. 款式图

2. 工艺流程

（1）短款分袖外套工艺流程：

①裁剪面料里料→做标记

②拼合左右侧缝→装挂面→拼合面子后片→合肩→缝合左右侧缝

③缝合里子→整烫

④缝制分袖→绱袖

⑤整理→钉扣

（2）短裤工艺流程：

①裁剪面料→做标记→锁边

②做口袋→装口袋

③合后裆缝→缝合侧缝→合前裆缝

④装拉链→装腰带

⑤整烫、检验

3. 制作说明

（1）短款分袖外套制作说明：

①注意袖子左右层叠方向、高度相同

②绱袖子时，注意袖中缝要与衣片的侧缝对齐，袖山高位置折量和方向要对称

（2）短裤制作说明：

①装门襟时，由于门襟的造型是弯的，缝合时要注意弧线的美观，装拉链时可先用手针固定位置，再机缝

②装裤腰时，先熨平，用大头针固定一下，再用缝纫机缝合，防止缝合时面料起皱

（3）缝制单嵌线口袋时，注意口袋平整，大小一致、左右对称

②短款分袖外套缝制工序（表6–25）。

表6–25 短款分袖外套缝制工序

序号	工序	制作内容	参照图与操作要点说明
1	准备工序	裁剪裤片与零部件面料	核实裁片数量、检查裁片
		裁剪并粘贴前片、挂面、袖口、领面等部位黏合衬	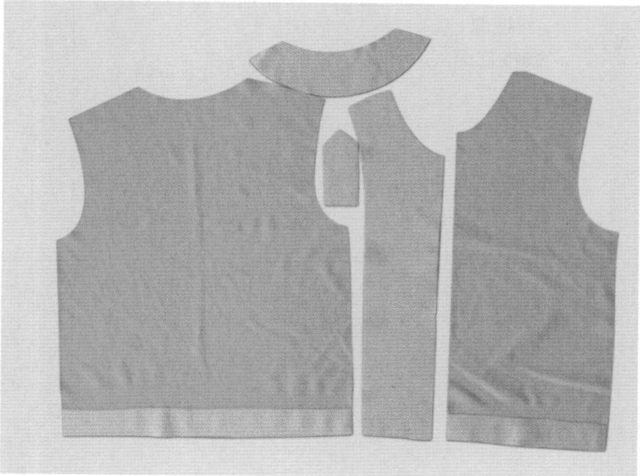 衬的经纱方向与身片面料基本一致。袖窿、底摆、袖口，应根据面料和款式需要，有时可以斜裁。衬比面料的裁片要小些，从正面看时衬不能从缝份边上露出
		准备缝制所使用的小物品及用具	准备好线、卷尺、纽扣、手针（5#、6#）、机针（11#）等必要工具
2	面料衣身缝制	缝合拼接线	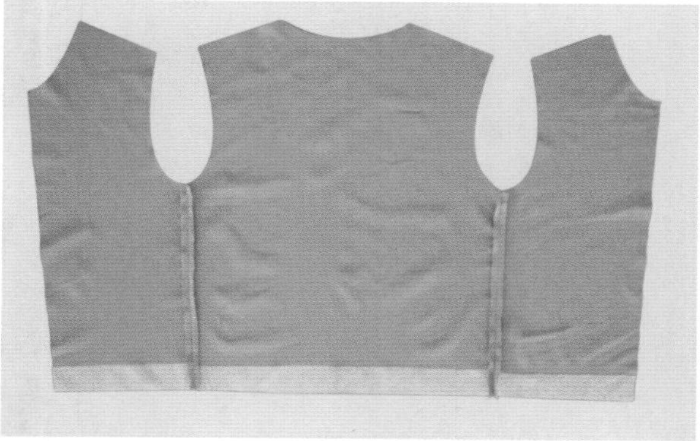
3	衣身里料缝制	拼缝里料	同衣身面料
4	装挂面、翻烫挂面	挂面与衣身里料缝合、熨烫	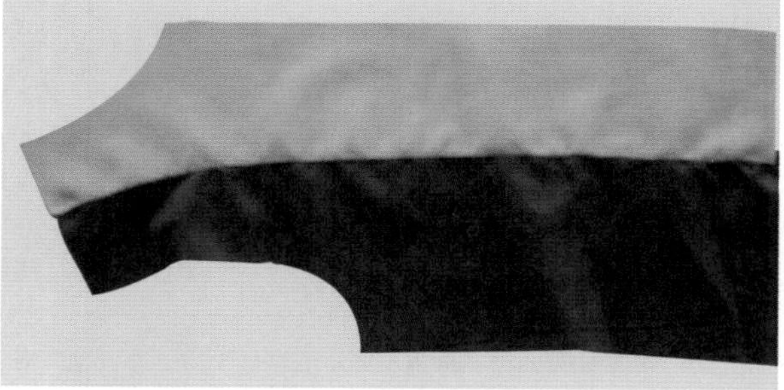

续表

序号	工序	制作内容	参照图与操作要点说明
4	装挂面、翻烫挂面	里料、面料前片缝合、翻烫挂面 门襟下摆内侧缉0.1cm明线	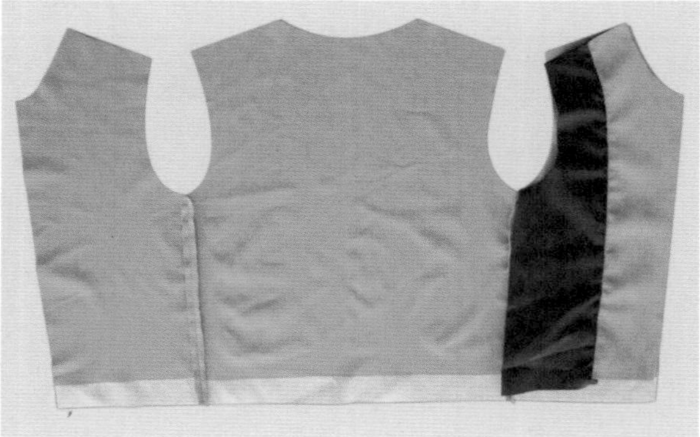
5	领口与袖窿处理	在里料上缝合领口贴边	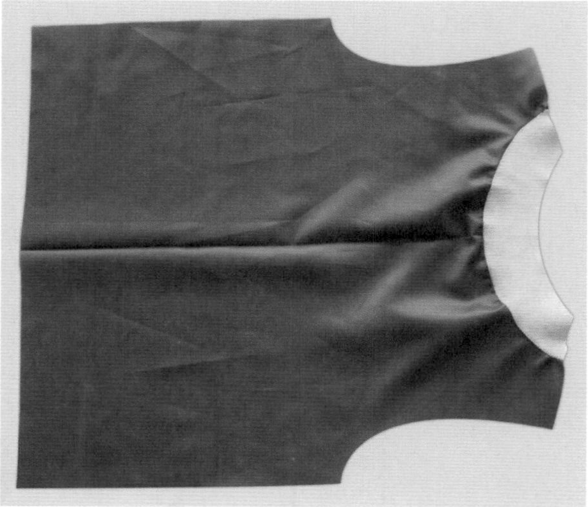
		里、面料袖窿、领口的缝合、翻烫	 衣身与贴边正面相对缉缝领口、袖窿弧线，将从里料肩缝翻出衣身的正面并整烫
6	合肩缝	缝合肩缝	缉缝面料肩缝，分缝熨烫
7	处理底摆	折烫、固定底摆	对合面、里料缝份，缝合衣面与衣里底摆

续表

序号	工序	制作内容	参照图与操作要点说明
8	缝制袖子、绱袖子	缝袖子装饰条	0.1cm明线缉缝
		缝制袖子	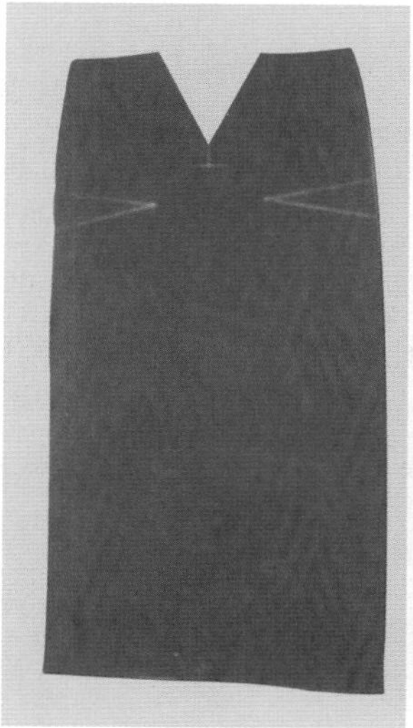 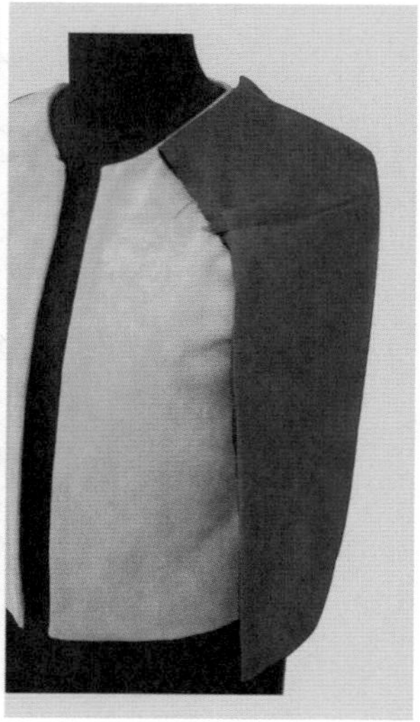
		固定袖子与衣身	衣袖入肩部分与衣身相连，包纽扣做装饰
		制作肩襻、钉肩襻	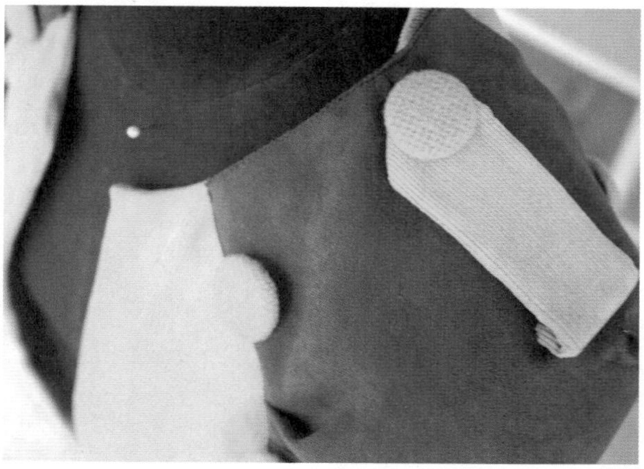
9	后整理	完工整烫、缉明线、锁扣眼、钉纽扣、修剪线头	 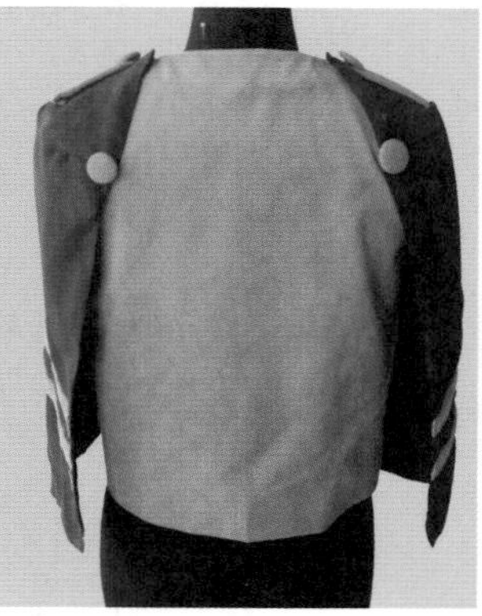

③短裤缝制工序（表6-26）。

表6-26　短裤缝制工序

序号	工序	制作内容	参照图与操作要点说明
1	准备工序	裁剪裤片与零部件面料	裁剪时注意裤片烫迹线与布纹方向一致，如果选用倒顺毛或反光面料则要保持裁片方向一致
		门襟贴边、里襟、后口袋嵌条烫衬	门襟贴边留出缝份后烫黏合衬，里襟衬比面料的裁片要小些，从正面看时衬不能从缝份边上露出
		缝份的处理	包缝机包缝处理
		准备缝制所使用的小物品及用具	准备好线、卷尺、纽扣、手针（5#、6#）、机针（11#）等必要工具
2	口袋的制作	制作后裤片单嵌线口袋	
3	拼合前裤片	缉缝前片接缝，分缝熨烫	
4	缝合侧缝	缝合裤片侧缝	单针平缝机缉缝，缝份1cm，三线包缝机双层包缝，注意对齐腰头和脚口
5	缝合下裆缝	单针平缝机缉缝下裆缝，然后用包缝机双层包缝	单针平缝机缉缝下裆缝，缝份1cm，三线包缝机双层包缝下裆缝，注意对齐前后裆缝和脚口
6	合前后裆缝	缉缝后裆缝，前裆缝至绱拉链处	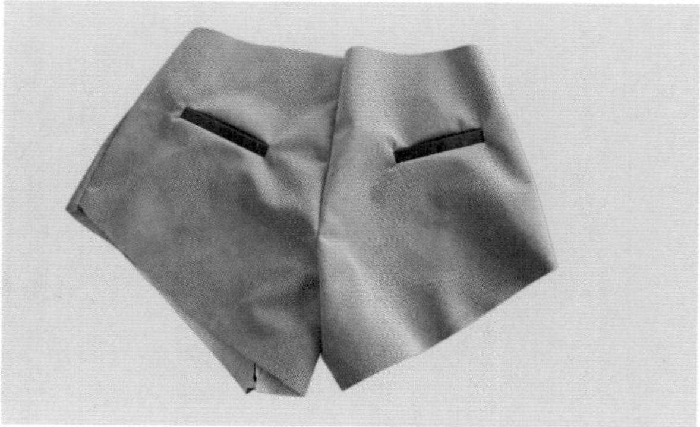

续表

序号	工序	制作内容	参照图与操作要点说明
7	装门襟拉链	前门襟绱拉链	 参照普通休闲裤门襟拉链缝制工艺
8	处理裤脚口	缝脚口贴边，三角针缲缝裤脚	 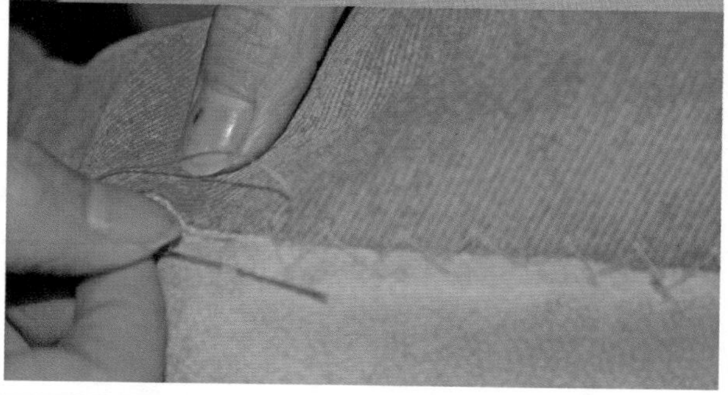
9	绱腰头	缝制裤腰，绱裤腰	 参照普通休闲裤腰头缝制工艺

续表

序号	工序	制作内容	参照图与操作要点说明
10	装饰腰带制作	缝制腰带面，抽橡皮筋	
11	后整理	完工整烫、锁扣眼、钉纽扣、修剪线头	前门襟腰头锁扣眼，钉纽扣

（4）长款马甲：

①长款马甲成衣工艺（表6-27）。

表6-27　长款马甲成衣工艺

1. 款式图

续表

2. 工艺流程 ①裁剪面料里料→做标记→折烫前侧片与后片褶裥 ②缝前片叠褶→拼合挂面→制作后片装饰→合肩→拼合侧缝 ③做领、绱领子 ④整理→熨烫→钉扣
3. 制作说明 ①缝制毛呢与雪纺层叠拼接时，不要拉伸面料防止面料褶皱，层叠宽度要均匀 ②挂面及领口部位要烫平 ③后片雪纺层叠宽度相同，不能拉伸面料

②长款马甲缝制工序（表6–28）。

表6–28　长款马甲缝制工序

序号	工序	制作内容	参照图与操作要点说明
1	准备工序	裁剪面料、里料	核实裁片数量、检查裁片
		裁剪并粘贴前片、挂面、领面等部位黏合衬	衬的经纱方向与身片面料基本一致，薄厚要分开。另外烫薄衬的袖窿、底摆、袖口，应根据面料和款式需要，有时可以斜裁。衬比面料裁片要小些，从正面看时不能露出
		裁剪、折烫黄色装饰条	装饰条裁剪宽度5cm，两边分别折烫1cm缝份
		准备缝制所使用的小物品及用具	准备好线、卷尺、纽扣、手针（5#、6#）、机针（11#）等必要工具
2	衣身面料缝制	拼缝前衣身	
		缝制衣身装饰褶	
		拼缝后衣身	

续表

序号	工序	制作内容	参照图与操作要点说明
3	衣身里料缝制	拼合衣身里料	缉缝衣身里料拼缝
4	合挂面	挂面与衣身里料缝合、熨烫	参照本系列服装第一套短款褶裥外套挂面的缝制工艺
		里面料前片缝合、翻烫挂面	
5	里面料配合	面、里的拼接线对合	参照本系列服装中第二套，宽松型长款西服外套
6	处理底摆	缝合衣身底摆里、面料	对合面、里料缝份，缝合衣面与衣里底摆
7	袖窿处理	缝合袖窿里、面料	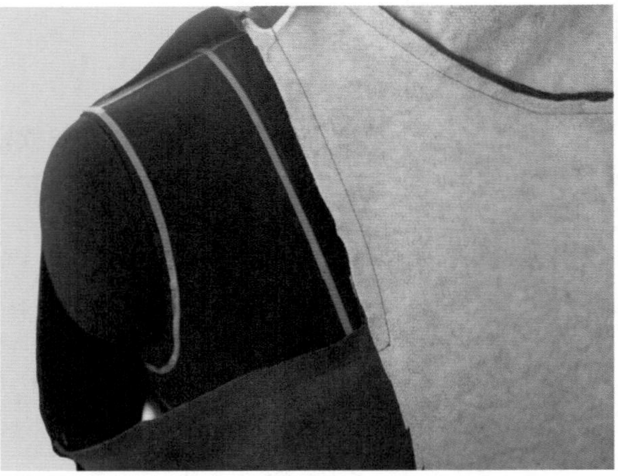 将衣身与贴边正面相对缉缝袖窿弧线，缝份上打若干剪口后从肩部翻出衣身的正面并整烫袖窿
8	合肩缝	缝合肩缝	缉缝面料肩缝，分缝熨烫
9	绱领	缝制衣领	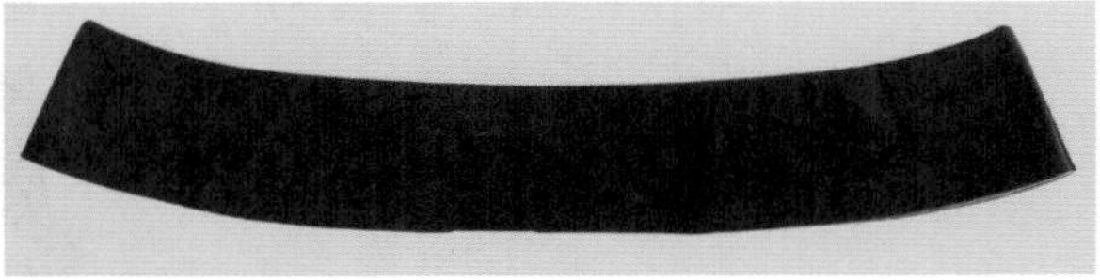
		绱领	 参照立领缝制工艺

续表

序号	工序	制作内容	参照图与操作要点说明
10	后整理	完工整烫、缉明线、锁扣眼、钉纽扣、修剪线头	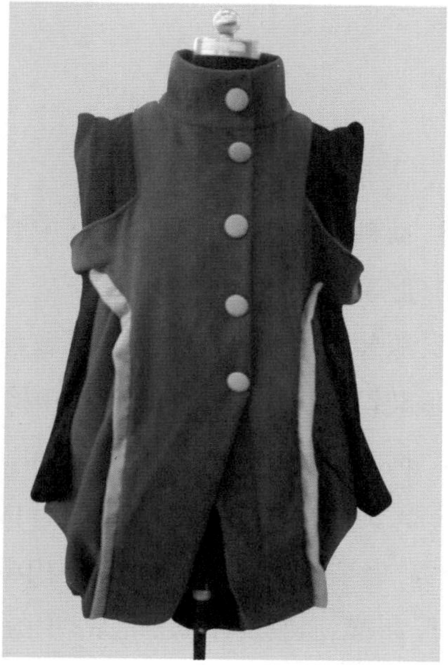

思考与练习

1. 分析不同品类服装产品的工艺特点。
2. 结合所学知识完成系列服装工艺制作。
3. 成衣整理、拍照、作品展示。

参考文献

[1] 朱远胜. 面料与服装设计[M]. 北京: 中国纺织出版社, 2008.

[2] 刘晓刚. 服装设计概论[M]. 上海: 东华大学出版社, 2008.

[3] 刘元风. 服装设计学[M]. 北京: 高等教育出版社, 2005.

[4] 袁仄. 服装设计学[M]. 3版. 北京: 中国纺织出版社, 2003.

[5] 阿黛尔. 时装设计元素: 面料与设计[M]. 朱方龙, 译. 北京: 中国纺织出版社, 2010.

[6] 希弗瑞特. 时装设计元素: 调研与设计[M]. 袁燕, 肖红, 译. 北京: 中国纺织出版社, 2011.

[7] 索格, 等. 时装设计元素[M]. 北京: 中国纺织出版社, 2011.

[8] 庄立新, 胡蕾. 服装设计[M]. 北京: 中国纺织出版社, 2003.

[9] 林松涛. 成衣设计[M]. 北京: 中国纺织出版社, 2008.

[10] 张文辉, 王莉诗, 金艺. 服装设计流程详解[M]. 上海: 东华大学出版社, 2014.

[11] 袁利, 赵明东. 打破思维的界限: 服装设计的创新与表现[M]. 北京: 中国纺织出版社, 2005.

[12] 刘瑞璞. 服装纸样设计原理与应用: 女装篇[M]. 北京: 中国纺织出版社, 2006.

[13] 凌雅丽. 服饰创意: 制作篇[M]. 上海: 上海书店出版社, 2006.

[14] 戴鸿. 服装号型标准及其应用[M]. 3版. 北京: 中国纺织出版社, 2009.

[15] 张文斌. 服装工艺学(结构设计分册)[M]. 3版. 北京: 中国纺织出版社, 2001.

[16] 徐静, 等. 服装缝制工艺[M]. 上海: 东华大学出版社, 2010.

[17] 卓开霞. 女时装设计与技术[M]. 上海: 东华大学出版社, 2008.

[18] 马丁道伯尔. 国际时装设计元素设计与调研[M]. 赵萌, 译. 上海: 东华大学出版社, 2016.

[19] 张玲. 服装设计: 美国课堂教学实录[M]. 北京: 中国纺织出版社, 2011.

[20] 刘晓刚, 崔玉梅. 基础服装设计[M]. 上海: 东华大学出版社, 2010.

[21] 安赫尔·费尔南德斯. 国际时装图案设计: 从设计概念到最终成品[M]. 上海: 东华大学出版社, 2016.